Comprender a los árboles

PETER WOHLLEBEN

Comprender a los árboles

Qué nos cuentan y cómo cuidarlos de forma natural

Ilustraciones de Margret Schneevoigt

EDICIONES OBELISCO

Colección Espiritualidad y Vida interior
Comprender a los árboles
Peter Wohlleben

1.ª edición: abril de 2019

Título original: *Bäume verstehen*

Traducción: *Sergio Pawlowsky*
Corrección: *Sara Moreno*
Diseño de cubierta: *Isabel Estrada*
Ilustraciones: *Margret Schneevoigt*

Edita: Ediciones Obelisco, S. L.
Collita, 23-25. Pol. Ind. Molí de la Bastida
08191 Rubí - Barcelona - España
Tel. 93 309 85 25 - Fax 93 309 85 23
E-mail: info@edicionesobelisco.com

ISBN: 978-84-9111-435-2
Depósito Legal: B-9.066-2019

Printed in Spain

Impreso en los talleres gráficos de Romanyà/Valls S. A.
Verdaguer, 1 - 08786 Capellades (Barcelona)

Se busca intérprete

Los árboles son seres extraños. Están en nuestros jardines, taciturnos, en verano nos dan sombra y el viento de otoño mueve sus hojas de colores. Según la especie, nos regalan un montón de fruta o frutos secos, nos permiten colgar hamacas o columpios en sus ramas o constituyen un destacado elemento decorativo de nuestro entorno. Son los seres vivos más poderosos de nuestro planeta y los más longevos, pero aun así, poca cosa sabemos de esos gigantes. A veces sospechamos que encierran algo más, que detrás de la corteza guardan secretos que no podemos ver a simple vista.

Tan sólo en las últimas décadas se ha corrido un poco el tupido velo. Así, en la década de 1970, unos científicos descubrieron una cosa sorprendente. Observaron en las sabanas africanas que los animales herbívoros se comportan de modo extraño con respecto a su alimento favorito, las hojas de las acacias: primero mordisquean durante varios minutos alrededor de un árbol, pero no hasta saciarse, porque nada más empezar, la acacia impregna las hojas de sustancias amargas. Cuando a las gacelas y las jirafas deja de gustarles la comida, se desplazan entre unos 50 y 100 metros y atacan otro árbol. ¿Por qué entre 50 y 100 metros? Los científicos han descubierto que las acacias vecinas también llenan las hojas de sustancias amargas, y lo hacen en cuestión de minutos. Los animales lo saben y por eso recorren cierta distancia antes de proseguir con el festín. Lo que más intrigaba era cómo se enteraban las demás acacias del peligro inminente. La respuesta consiste en un gas, el *etileno,* que emite el primer árbol atacado. Esta señal de alarma química avisa a las acacias vecinas y provoca la correspondiente reacción defensiva.

Actualmente se sabe que otras muchas especies también emiten estas señales de advertencia. Es probable que la mayoría de las plantas posean un sistema de comunicación químico y que estemos rodeados de un mundo vegetal que charla por los codos. Entre las señales hay incluso algunas que atraen a determinados animales que comen ciertas especies de orugas que se alimentan de la vegetación. La investigación científica no ha hecho más que empezar, pero cabe suponer que los árboles tienen un amplio vocabulario de «palabras aromáticas».

El problema para nuestra sociedad imbuida de racionalismo científico es que desde que se descubrió este fenómeno tenemos que admitir que las plantas tienen también otras capacidades. Por ejemplo, sentidos. Cuando un insecto perfora la corteza, el árbol tiene que percibir al intruso, tiene que sentir dolor, para poder responder con sustancias repelentes y avisar a sus vecinos. Seguro que para muchos de nosotros la idea de que los árboles sienten va demasiado lejos. Con los animales tenemos muchos menos problemas, pues se parecen más a nosotros. Es cierto que algunos de ellos tienen más patas, más ojos o un cerebro más pequeño, pero la estructura de conjunto es más o menos la misma. Las plantas, en cambio, que carecen de un sistema nervioso central, son tan poco transparentes que parecen venidas de un planeta lejano. A esto se añade su permanencia de por vida en el mismo sitio, un estado que a nosotros los humanos, inquietos como somos, nos resulta del todo extraño y supone una dificultad más a la hora de tratar de comprender a esas criaturas.

En realidad, la distinción entre animales y plantas es totalmente arbitraria. Las plantas producen su propio alimento, mientras que los animales viven de otros seres vivos, pero derivar de ello una separación en criaturas que sienten y se comunican (los animales) por un lado, y biorrobots automatizados (las plantas) por otro, está fuera de lugar a la vista de los últimos descubrimientos científicos. El caso es que el hecho de que el mundo agrícola y silvícola, o incluso nuestra sociedad entera, vea las plantas más como objetos que como seres vivos facilita mucho el trato inhumano que les damos. A la luz de los conocimientos científicos actuales, la exigencia de tratar a los animales como es debido tendría que extenderse asimismo a las plantas. Sin embargo, nuestra sociedad todavía no está preparada para ello.

Si los árboles pueden comunicarse, no tendría que ser difícil entenderlos. Sin embargo, lamentablemente no disponemos de ningún diccionario ni aparato descifrador para estos mensajes. Por tanto, el hecho de saber que existen esas formas de comunicación no nos resulta de entrada muy útil a los amigos y amigas de los árboles. Pese a ello, podemos enterarnos de bastantes más cosas de lo que parece. A título comparativo podemos fijarnos en la comunicación no verbal entre humanos. Los etólogos han descubierto que cuando hablamos con otra persona percibimos al instante y de forma instintiva su estado de ánimo y la posición general que subyace a lo que dice. La tensión del cuerpo, la postura y los gestos dicen más que mil palabras y determinan nuestra reacción a los mensajes verbales que recibimos. Éste es el punto del que podemos partir si queremos comprender mejor a los árboles y saber cómo se encuentran. Al igual que las personas, los árboles expresan con su aspecto exterior cuál es su estado, de dónde vienen y adónde van. Si sabemos en qué debemos fijarnos y a qué debemos prestar atención, veremos que estas plantas gigantes son como un libro abierto. Y sólo si comprendemos el lenguaje de los árboles podremos ayudarles a sentirse lo mejor posible en nuestro jardín, intervenir a tiempo si corren peligro y ocuparnos de que se desarrollen plenamente y alegren la vida hasta a nuestros tataranietos. Manzanos y nogales, plátanos y pinos, abedules y hayas: cada árbol tiene muchas historias que contar. Historias que han forjado su carácter, que han dejado profundas cicatrices en su corteza y su modo de ser y que han hecho de él un ejemplar singular. Este libro quiere ayudar al lector y a la lectora y comprender a los árboles que los rodean.

¡Bienvenidos a este curso de idiomas tan especial!

Retrato: el roble

Las dos especies de robles más importantes en nuestros bosques son el roble común *(Quercus robur)* y el roble albar *(Quercus petraea)*. Este género es un buen ejemplo de lo poco que sabe la ciencia sobre los árboles: ambas especies se hibridan, generan bastardos de las más diversas características y hasta hoy no hay nadie que pueda decir exactamente si se trata en realidad de dos especies de robles diferentes. Algo similar puede decirse de la edad: cualquier zona de interés turístico puede jactarse de contar con árboles milenarios, pero a menudo esto es confundir el deseo con la realidad. Pocas veces viven los robles más de 500 años. Encima, el roble también ha de renunciar al título de ser el árbol alemán por excelencia, porque hasta antes de la intervención humana, el paisaje de todo el territorio situado entre los Alpes y la costa del mar del Norte estaba dominado seguramente por los hayedos.

El roble es el más robusto de todos los árboles. No importa si el clima es húmedo o seco, si el suelo está compactado o hay capas congeladas, todo lo acepta sin quejarse. Hasta las lesiones de envergadura, que en otros géneros provocarían rápidamente la podredumbre, las supera gracias a la impregnación natural del duramen, sin la cual correría peligro su estabilidad. Se trata de un árbol que ama estar a pleno sol, y además no es conflictivo y se lleva bien con otros géneros. Por eso el roble es el árbol ideal para el jardín doméstico, donde no suele alcanzar la altura máxima de 40 metros.

Del mito al árbol de plantación

Los árboles han desempeñado siempre un papel importante en la vida de los seres humanos, pues son la fuente de abastecimiento de la materia prima más importante (junto con los alimentos): la madera. Sin ella no habría fuego para calentarse, ni techo para refugiarse ni armas para defenderse. Sin árboles, el ser humano primitivo habría sucumbido lastimosamente y su existencia no sería más que una anécdota de la evolución.

No es extraño que estos seres poderosos fueran objeto de culto. Los bosques sagrados de los germanos eran una especie de catedrales de troncos vivos, entre los cuales se celebraban ritos religiosos, como por ejemplo el sacrificio de animales. Los misioneros cristianos hicieron talar por tanto todos los árboles venerados y plantaron santuarios de piedra sobre las colinas, para conseguir que los paganos fueran a misa.

Si en tiempos de los romanos se talaron muchos bosques, tras la caída del imperio alrededor del año 400 d. C. se repoblaron los poblados y campos abandonados. Sin embargo, una generación arbórea después, o sea, al cabo de unos 500 años, los colonos que inmigraron volvieron a aplicar el hacha. Los topónimos creados en aquella época llevan a menudo la terminación *-rath, -roth, -rode, -reuth o -feld.* No obstante, a pesar de las talas se conservó una extensión importante de naturaleza intacta.

La segunda fase de tala en la Edad Media siguió mermando los bosques, que no sólo perdieron terreno a favor de los asentamientos humanos, sino que también suministraron la materia prima para gran parte de la actividad económica.

Con la implantación de la agricultura, los bosques tuvieron que dejar paso a los campos de cultivo. Fuera de éstos pastaban vacas y ovejas. Surgieron espacios semiabiertos.

La Edad Media con sus florecientes ciudades suele calificarse de Edad de Madera: sin árboles habría sido impensable.

Incluso la industrialización incipiente se nutrió de los bosques esquilmados. Miles de carboneros, esos hombres ennegrecidos por el humo y el hollín, producían carbón vegetal con madera de haya o de roble. En espacios redondos, de cinco a diez metros de diámetro, edificaban estructuras con leños perfectamente colocados y acto seguido las cubrían de tierra. Después encendían un fuego en el interior y toda la estructura humeaba y ardía quedamente durante unas dos semanas, bajo la continua supervisión del «hombre negro», que no debía dejar pasar el momento idóneo para apagarlo. Entonces se procedía a echar agua de un riachuelo cercano sobre el conjunto, y ya estaba lista la materia prima deseada. Para acortar las vías de transporte, las primeras siderurgias, vidrierías y productoras de sal se instalaron en el interior de los bosques, acelerando así su desaparición.

Sólo con el descubrimiento del carbón y del lignito se puso freno a la destrucción de los restos forestales que quedaban. Las grandes industrias se trasladaron a las minas de carbón, como la cuenca del Ruhr, donde pudieron expandirse sin trabas gracias a esta nueva energía aparentemente inagotable.

Atrás quedaron territorios deteriorados, cuya repoblación pasó a ser la tarea de las administraciones forestales que empezaban a constituirse. Gran parte de la población rural empobrecida había perdido a lo largo de las generaciones el amor al bosque, como reflejan incluso los cuentos y los mitos de entonces, en los que el bosque siempre encierra un peligro.

Los agrestes brezales se precisaban para que pastara una cabaña demasiado numerosa de ovejas y cabras, y allí los árboles no hacen más que molestar. Las administraciones forestales, organizadas militarmente, repartieron semillas de las más diversas especies arbóreas entre los campesinos con la orden de sembrarlas en los terrenos agotados. Sin embargo, la población hambrienta tostaba por la noche las semillas sobre la placa de la cocina, de manera que las bellotas y semillas de pino y abeto, sembradas bajo la atenta mirada de los agentes forestales, no fructificaban.

Por aquella época, y gracias a la Ilustración, cambió la visión de la naturaleza: la diseccionaron y analizaron científicamente hasta que perdió todo su misticismo. Clasificada y numerada, parecía haberse vuelto previsible o, mejor dicho, planificable. Por consiguiente, entonces se plantaron los nuevos bosques de forma sistemática. Criados en viveros y trasplantados por campesinos que en invierno se enrolaban para realizar trabajos forestales, pronto los árboles volvían a cubrir vastas superficies repobladas. Los administradores forestales, reclutados entre los miembros de regimientos de cazadores, tenían predilección por las líneas claras. Además, todo debía estar perfectamente anotado y controlado. De ahí la decisión de plantar los nuevos bosques como si fueran las casillas de un tablero de ajedrez. Por ejemplo, si estaba previsto plantar una especie para que creciera durante un siglo, con el tiempo había que plantar 100 cuadrados, uno por año. Cuando un cuadrado alcanzaba la edad máxima que tenía asignada, se talaba todo y luego se repoblaba. De esta forma (teóricamente) ideal, cada año había disponible para la tala la superficie de un cuadrado, sin poner en peligro la continuidad del abastecimiento; había nacido la idea de la sostenibilidad. A pesar de que muchas veces algún temporal o una plaga estropeaban los planes cuando destruía bosques enteros, la mayoría de las administraciones forestales se mantienen fieles a esta estrategia de explotación silvícola. En la jerga profesional se habla de bosques de edad, porque todos los árboles de un recinto determinado tienen la misma edad (pues los plantaron al mismo tiempo). Claro que todo esto ya no tiene mucho que ver con la naturaleza. Para formarse una idea de lo lejos que están estas plantaciones de los bosques ancestrales, echemos una ojeada a las selvas vírgenes.

Retrato: el abedul

La especie de abedul más frecuente es el abedul común o péndulo *(Betula pendula)*. Es fácil de identificar por su corteza blanca y negra y sus ramas que cuelgan hacia abajo. La enorme extensión de tierra en la que está presente –desde el sur de Italia hasta el norte de Suecia– indica que tolera cualquier condición. Sólo si el clima es muy húmedo lo sustituye su hermano, el abedul pubescente *(Betula pubescens)*.

Los abedules son auténticos velocistas: todo ha de ir muy rápido, de modo que en las primeras décadas de su vida crecen a veces hasta más de un metro al año (hasta alcanzar una altura máxima de unos 25 metros). Al mismo tiempo, no admiten que otros géneros les hagan la competencia. Sus ramas colgantes, que son flexibles, fustigan a latigazos, con cada movimiento del viento, las copas de otros árboles, de manera que éstos van perdiendo las ramas superiores. Este comportamiento egoísta refleja su naturaleza de luchador solitario, pues los abedules no necesitan ningún árbol madre que los proteja y se las arreglan solos perfectamente. Sin embargo, una vez que han alcanzado la edad adulta, bajo su sombra clara pueden crecer árboles de otras muchas especies, ya que los abedules despilfarran mucha luz y dejan que buena parte de ésta llegue hasta el suelo.

Esta vida impetuosa tiene un precio: el abedul no suele superar la edad de 120 años.

Árboles en libertad

Los procesos que observamos en los bosques vírgenes se caracterizan por una increíble lentitud. El concepto moderno de «ralentización» parece especialmente pensado para estos ecosistemas.

Esto ya empieza con los pequeños arbolitos que brotan de la tierra y que sus congéneres adultos frenan en su crecimiento. La poca luz que penetra a través de las grandes copas hasta el suelo apenas representa un 3 % de la luz diurna: esto no basta para desarrollarse, pero también es suficiente para no morir. A fin de ayudar a los retoños a superar las dificultades, los árboles madre tejen tenues lazos a través de las raíces para abastecer a las nuevas generaciones de una solución azucarada.

Contenidos y al mismo tiempo respaldados, los árboles jóvenes van medrando de este modo durante decenios. Esto tiene su explicación: la madera que se forma lentamente en el tronco joven es sumamente densa y por tanto muy resistente a los hongos y flexible. Gracias a ello, cualquier lesión del tronco no genera podredumbre, que podría ser mortal, y cuando arrecia el viento, el arbolito se inclina sin romperse.

Claro que la falta de luz no es casualidad; obliga a los vástagos a crecer rectos y de este modo las fibras del interior del tronco adquieren una estructura regular, sin anomalías ni pliegues que pudieran constituir un punto débil.

El crecimiento vertical se consigue criando a las nuevas generaciones en auténticos parvularios. Estos grupos se «pelean» por cada rayo de sol. Cuando uno de los vástagos considera que debe desviar el tallo principal, los vecinos le pasan lentamente por encima con su crecimiento y le roban la luz. El torcido muere a la sombra de los párvulos aplicados y se convierte de nuevo en humus.

Los vástagos de abetos, pinos o hayas son nidícolas: necesitan que sus progenitores los cuiden y los protejan.

Algún día lejano, cuando el árbol madre llega al fin de sus días y sus ramas secas y desnudas dejan pasar la luz hasta el suelo, el ejemplar más despabilado del parvulario acelera su crecimiento y se convierte en poco tiempo en un árbol adulto.

Ahora bien, la muerte de uno de estos gigantes no es un acontecimiento frecuente. En la selva virgen casi nunca pasa nada. En la penumbra apenas pueden crecer otras plantas, aparte de los arbolitos que brotan de las semillas, de modo que los bosques primarios parecen enormes salones entre cuyas columnas puede deambular el excursionista sin necesidad de un machete. En cambio, los bosques, tanto en Centroeuropa como en el Amazonas, en los que la espesura de enredaderas y matorrales cierra el paso, son en realidad bosques secundarios, es decir, espacios en los que el ser humano ya ha talado una vez los árboles. La espesura existe porque si la luz puede penetrar sin que la retenga el techo cerrado de copas de árboles adultos, en el suelo puede crecer toda clase de vegetación, que sin luz no podría medrar.

Por consiguiente, los árboles son por naturaleza seres muy prudentes que no quieren andarse con prisas.

Nidícolas y nidífugos

En el reino animal se conocen muy bien estos dos conceptos: nidícolas son las crías que permanecen en el nido con los padres y que necesitan el cuidado de éstos. Los nidífugos, en cambio, se emancipan muy poco después de nacer, se autoabastecen de energía y salen a explorar el mundo por su propia cuenta. Lo mismo sucede con los vástagos de los árboles. La mayoría de géneros precisan, como ya se ha mencionado, el cuidado y la educación por parte de sus progenitores. En esta categoría entran, por ejemplo, las hayas, los robles y los abetos. En caso de necesidad también sirven las madrastras o padrastros, o sea, otros árboles, aunque en todo caso hace falta que haya árboles adultos por encima de los vástagos. Por esta razón, las especies nidícolas suelen tener semillas pesadas que caen al suelo directamente junto al árbol madre, de manera que los pequeños no se alejen del seno materno. Claro que también es deseable que una parte de las semillas vayan a parar más lejos y la especie tenga alguna posibilidad de expandirse. Algunas lo consiguen mediante dispositivos aerodinámicos, como por ejemplo hélices, con cuya ayuda las semillas de muchas coníferas o del arce aprovechan los vendavales para emigrar. Puesto que los árboles no pueden desplazarse, la extensión corre a cargo de los embriones (las semillas no son otra cosa que esto). En el caso de las semillas más pesadas, el transporte lo realizan animales que hacen de mensajeros. Así, recientemente se ha descubierto que el arrendajo prepara hasta 10.000 escondites con bellotas o hayucos para el invierno y luego no consume todos. Las semillas que no han ido a parar al estómago del ave brotan en primavera en algún lugar alejado y fundan de este modo nuevos robledales o hayedos. Sin embargo, la mayor parte de los frutos permanecen en su bosque de origen.

Emigrar a nuevos territorios con ayuda de estos animales mensajeros es un proceso muy largo. Por lo general, los arrendajos esconden sus reservas de frutos a lo sumo a un par de kilómetros de distancia del árbol madre. Al cabo de entre 50 y 100 años prosigue el viaje, ya que hasta entonces la nueva generación de árboles nacidos de aquellos frutos no está en condiciones de florecer a su vez y producir nuevas semillas. Así, pasito a pasito, la velocidad de expansión de los hayedos y robledales es de tan sólo 20 kilómetros por siglo.

La cosa cambia totalmente en el caso de las especies nidífugas, cuyos embriones son tan ligeros como plumas. Para que puedan emprender el viaje con la brisa más suave, disponen de unos dispositivos que les ayudan a volar. Las semillas más pesadas, como las de la mayoría de coníferas y de los arces, llevan una especie de ala que entra en rotación al caer. De este modo frenan la caída y se deslizan por el aire como un helicóptero.

Todavía mejor es una reducción drástica del peso a unos pocos miligramos. Si estas diminutas semillas presentan además un vello suave, no hay nada que les impida emprender un largo viaje. Aprovechando una tormenta pueden desplazarse a cientos de kilómetros de distancia, de modo que la especie correspondiente puede extenderse con rapidez y conquistar nuevos espacios. Los abedules, sauces y chopos utilizan esta estrategia. A diferencia de los árboles de los bosques vírgenes, sus descendientes renuncian a toda educación y protección y están entrenados para crecer rápidamente en su nuevo territorio. Claro que para eso necesitan que llegue mucha luz al suelo, que abunda en las zonas no boscosas. En la jerga profesional se habla de especies pioneras, porque son capaces de arraigar en cualquier espacio en el que no haya árboles. El crecimiento rápido les ayuda a imponerse frente a la competencia de hierbas y arbustos. El precio que han de pagar por esta rapidez y estas prisas, que, como sabemos, son atípicas entre los árboles, consiste en una esperanza de vida mucho más corta. Así, ningún árbol pionero supera la edad de 150 años, y son pocos los que llegan a cumplir un siglo. En el bosque virgen, donde reina la oscuridad, los vástagos de abedul y demás no tendrían ninguna posibilidad, pues morirían de hambre debido a la falta de luz. Por eso sólo pueden medrar en zonas en que el desarrollo del bosque se ha visto alterado (por un incendio o una tempestad que haya arrasado los árboles). ¡O en nuestro jardín!

La figura

Antes de entrar en detalles y examinar de cerca los diversos componentes de los árboles, conviene que observemos la figura en su conjunto. Muchas veces, ésta ya nos revela desde lejos en qué estado se halla el árbol. Para poder llegar a una conclusión correcta es preciso que conozcamos primero los principios que rigen el crecimiento de las coníferas por un lado y las frondosas por otro.

Las coníferas son testarudas. Pase lo que pase, desarrollan troncos rectilíneos que apuntan exactamente hacia arriba. Para ser más exactos, crecen siempre en la dirección opuesta a la fuerza de gravedad. Un árbol es tan recto como el otro, y este hecho determina la relativa monotonía de los bosques de coníferas. Esta uniformidad nos permite constatar fácilmente cualquier anomalía. Así, a veces un fuerte vendaval no consigue tumbar del todo un árbol, que se agarra con sus últimas fuerzas al suelo. Esto hace que el cepellón se levante en parte por el lado de ataque del viento. Aunque sólo se trate de unos pocos centímetros, este levantamiento hace que el tronco quede visiblemente inclinado. Si el árbol logra agarrarse de nuevo al suelo lanzando nuevas raíces en la parte que ha quedado elevada, podrá seguir creciendo, y lo hará verticalmente hacia arriba. Ya no podrá corregir la inclinación de una parte del tronco, pues únicamente crece por las puntas de las ramas, es decir, en la parte superior. Por consiguiente, a partir de este momento el tronco quedará acodado. Si contamos los años desde arriba hasta el lugar del codo (*véase* «Estimación de la edad» en la página 137), podremos saber en qué año se produjo la tempestad.

Existen además otras fuerzas que pueden desequilibrar a un árbol. Si éstas actúan de forma continuada durante largos períodos, como por ejemplo los vientos frecuentes en zonas expuestas, el tronco crecerá describiendo una curva muy abierta. Un efecto similar es el que provoca la llamada «fluencia» del suelo. En un talud, por ejemplo, la capa superior del suelo suele ser inestable, y a lo largo de los años «fluye» como una masa espesa hacia abajo. A menudo este movimiento sólo es del orden de algunos centímetros o milímetros al año. A simple vista no se puede detectar, pero los árboles sí revelan su existencia. A medida que el desplazamiento de la base hace que el tronco quede inclinado, el árbol trata de seguir creciendo hacia arriba. El resultado también es un tronco en forma de arco.

Las especies frondosas se comportan en general según los mismos principios. El viento y el suelo pueden dar lugar a formas de crecimiento parecidas, con troncos inclinados o curvados como los de las coníferas. No obstante, entre unas y otras hay una diferencia determinante: aunque las frondosas también tienden a crecer lo más verticalmente posible hacia arriba, no se ajustan rígidamente a esta norma. Tan pronto existe alguna posibilidad de obtener más luz en algún espacio, se desvían y estiran sus ramas en dirección a la claridad. La más fuerte de estas ramas se convierte con el tiempo en tronco. La causa de la inclinación de un árbol frondoso radica en la luminosidad. En el borde del bosque se puede apreciar muy bien la diferencia entre frondosas y coníferas. Mientras que estas últimas mantienen erre que erre la verticalidad, las frondosas jóvenes tienden a asomarse por el borde. Esto tiene sus ventajas: aunque un árbol por naturaleza no puede desplazarse, un frondoso sí consigue desplazar hacia un lado su copa hasta una distancia de unos cinco metros.

No parece gran cosa, pero sí constituye una diferencia importante, como ilustra un pequeño ejemplo: una conífera puede llegar a tener una copa con un radio de 8 metros, de modo que depende de la luminosidad existente en los 201 metros cuadrados de superficie circular de la copa. Si en este espacio no hay sitio suficiente o falta luz debido a la presencia de otros competidores, este árbol no podrá llegar muy lejos. Por mucho que a algunos metros de distancia haya disponibles muchos rayos de sol, esto a la joven conífera no le sirve de nada, pues no sabe crecer hacia un lado.

En el mejor de los casos, se armará de paciencia con la esperanza de que algunos de los que le precedieron mueran y le permitan acaparar toda la luz que viene de arriba.

Los árboles frondosos no pueden cambiar de lugar si reciben poca luz, pero sí pueden desplazar sus copas de manera que capten muchos rayos de sol.

En cambio, los árboles frondosos pueden desplazar la copa de la manera ya descrita, formando simplemente un tronco inclinado. Si el desplazamiento máximo supuesto es de 5 metros y el radio de la copa es el mismo, entonces aumenta el radio alrededor del tronco de 8 a 13 metros. De este modo, aumenta el espacio en el que puede captar luz a nada menos que 531 metros cuadrados, que no es poco. En promedio, las especies frondosas tienen el doble de posibilidades de hacerse un sitio con suficiente luz para crecer. Esto puede ser decisivo para su supervivencia.

Por cierto, que es fácil reconocer los arbolitos que se hallan en compás de espera, que de momento no reciben luz suficiente y confían en que en el futuro consigan alcanzar la claridad, tanto si son de especies frondosas como coníferas: todos ellos generan tallos más largos en las ramas laterales que en el tallo principal o ascendente. Esto se debe a una razón muy sencilla: invertir toda la energía para crecer a todo trapo hacia arriba es un despilfarro, pues a la sombra de los árboles más grandes no tendrán nunca fuerza suficiente para alcanzar la cima. Tiene más sentido captar al máximo la poca luz que llega al suelo entre los árboles adultos, y esto sólo es factible si extienden rápidamente las ramas hacia los lados. Sin embargo, todo esto también puede contemplarse de forma menos teórica sin perder de vista lo esencial: basta con que durante nuestra próxima excursión por el bosque nos fijemos en árboles frondosos de distintos tamaños.

Cualquier observador podría percibir intuitivamente este fenómeno aunque no conociera la explicación. ¿Se trata de árboles altos, de porte majestuoso y una copa poderosa? Éstos han logrado llegar a la cima y son los campeones del bosque. ¿O aparecen retorcidos y cabizbajos a la sombra de los ejemplares más grandes? Estos tullidos sufren realmente bajo la «dictadura» de los árboles dominantes, se doblegan y malviven en la escasez de luz.

Cada género de árboles tiene una forma peculiar de la copa y del ramaje. Así, las puntas de las ramas de los castaños de Indias se tuercen hacia arriba como los bigotes anticuados, mientras que los abedules más viejos dejan colgar los brazos. En muchos casos, la cosa tiene su explicación: así, por ejemplo, las ramas de las hayas se extienden hacia arriba para captar el máximo posible de gotas de lluvia y dirigirlas después hacia las propias raíces.

Entre las piceas hay razas diferentes. Una deja colgar las ramas menores como el espumillón del árbol de Navidad. Esto parece indicar tristeza, pero sirve para ordeñar la niebla: cuando en primavera y otoño los vahos cruzan la copa, al poco rato empieza a llover junto al árbol. De este modo, las piceas de esta categoría consiguen agua mientras que otros géneros todavía pasan sed.

Los representantes de regiones con abundantes nevadas, en cambio, superponen sus ramas como si fueran tejas. Cuando en invierno cae del cielo el manto blanco, acumula una carga de más de una tonelada. Ésta hace que las ramas se doblen hacia abajo, pero sin romperse, pues cada una se apoya en la que tiene debajo. Así, el árbol rebozado permanece allí, replegado sobre sí mismo, en espera de tiempos mejores.

El abedul tampoco se limita, con su hermoso porte de ramas colgantes, a un efecto óptico. Las ramas movidas por el viento recuerdan a látigos, y ésa es precisamente la cuestión. Con cada ventada, el árbol vecino recibe una tanda de golpes. Incluso el tallo más robusto no lo resiste durante meses o años: muere, y con ello se acabó el crecimiento hacia arriba. Muchos árboles vecinos que compiten con el abedul no progresan adecuadamente y muestran su pena con una punta destrozada.

Tamaño de la copa

Los árboles son seres sociales, y como ocurre en todas las sociedades, existen jerarquías. La cúspide se halla, como su nombre indica, arriba del todo, por encima de las copas de los demás. Allí las hojas reciben los rayos de sol sin que nada se interponga, con lo que el árbol puede producir azúcares y madera en abundancia.

Allí en lo alto es donde hay disponible más luz, y por tanto el árbol se dota de una copa grande y poderosa.

En el jardín o en los parques, este privilegio lo tienen casi todos los árboles, pues la distancia entre ellos suele ser tan grande que cada uno puede desarrollarse sin que ningún otro le moleste. Sin embargo, en el bosque la cosa cambia, porque allí hay miles de ejemplares que se estiran para conseguir luz. Aunque no luchan unos contra otros (*véase* el apartado «Amigos» en la página 64), sí ocupan posiciones muy diferentes. Podemos hablar incluso, sin exagerar, de un orden jerárquico, similar al de una manada de lobos, donde cada animal preferiría ocupar el puesto de cabeza, pero los de rango inferior se benefician de la comunidad.

Los jefes en un bosque son los ejemplares grandes, que han sido capaces de extender sus copas por igual hacia todos los lados. Las largas ramas tienen unas 200.000 hojas, que forman una superficie total del más de 1000 metros cuadrados; en las coníferas adultas, alcanza incluso algunos metros cuadrados más. Junto a ellos hay árboles que, pese a llegar a la misma altura, tienen copas mucho más pequeñas. Ocupan los pequeños espacios vacíos que quedan entre los gigantes. Ellos también han alcanzado la edad adulta y participan en el baño de sol en lo alto, pero debido a que sus ramas son cortas y la masa de hojas es menor, captan mucha menos energía que sus poderosos vecinos.

Descendamos por la escala jerárquica, y lo digo literalmente, pues el ático está al completo con las dos categorías mencionadas, de manera que ya no queda sitio para otros árboles. Los que no logran alcanzar la cima tienen que esperar. Estos ejemplares son algunos metros más bajos y por tanto no reciben directamente la luz solar. Su copa es más estrecha, sus ramas, más delgadas, y en muchos casos la punta se inclina a un lado, como si el árbol se mostrara resignado. Estos árboles son los príncipes herederos, pero al igual que el príncipe Carlos de Inglaterra, tienen por delante una larga espera hasta que les llegue su turno. A pesar de ello, han de estar muy al tanto, porque cuando un día muere uno de los jefes, hay que ocupar rápidamente el hueco que se forma, antes de que lo haga otro árbol. Porque tan pronto como uno de los sucesores se haya hecho un sitio al sol, el telón vuelve a cerrarse, y la próxima ocasión puede demorarse perfectamente unos 200 años. Sin embargo, no todos los árboles menores pueden esperar tanto tiempo, y para muchos de ellos el viaje concluye antes, convirtiéndose en humus.

El paseante no siempre puede reconocer bien, desde abajo, este orden jerárquico, pero se puede valer de un criterio sencillo: el diámetro de los troncos. Una regla que no admite excepciones dice que cuanto más grueso sea el tronco, tanto más alto es el árbol. Porque en un bosque, contrariamente a la opinión general, sólo crecen rápidamente los árboles más grandes; son los que tienen la mayor superficie de captación de la luz solar, y por tanto también producen la mayor cantidad de azúcares, proteínas y madera. Los del escalón inferior se quedan flacos durante décadas por falta de luz. Un ejemplo del bosque que administro ilustra la lentitud del crecimiento de esos enanos: allí hay una enorme haya vieja, de unos 200 años de edad, al lado de un arbolito esmirriado cuyo tronco apenas alcanza los diez centímetros de diámetro y cuya altura total es de unos seis metros. Sus ramas, extendidas horizontalmente, indican que de momento ha renunciado a seguir luchando por la luz, es decir, a crecer hacia arriba. La edad estimada de este enano es nada menos que de 150 años.

En condiciones de escasez de luz, los árboles pequeños se mantienen en espera durante décadas. Si un día desaparece el poderoso vecino, entonces queda libre un sitio al sol para ellos.

Robusto o enclenque

Los árboles, para medrar, han de llegar a muy viejos. Por un lado, sólo así logran imponerse frente a la competencia, y por otro, les conviene que se sucedan muchos años con una rica producción de semillas para tener alguna vez como mínimo un sucesor con los mismos genes.

La luz es el primer factor competitivo. Únicamente aquellos que consigan desarrollar una copa ancha que les permita captar duraderamente los rayos de sol con numerosas hojas alcanzarán la meta de su vida. Por eso, todos los árboles intentan crecer al máximo posible, para superar a los vecinos. El que está más arriba tiene una ventaja clara. Aunque hay que decir también que a medida que aumenta la altura, también se incrementa el efecto palanca. No es fácil sostener el peso del tronco, las ramas y las hojas, y así vemos que los árboles grandes tienen dificultad para mantener el equilibrio, como cuando uno anda con zancos cada vez más largos.

Cuando sopla un viento fuerte, actúan enormes fuerzas sobre la base del tronco. Según cálculos científicos, con un viento huracanado de fuerza 12, el árbol ha de soportar un esfuerzo de torsión de hasta 1.000.000 N·m. Esta magnitud física equivale a un peso de 100 toneladas que tira del árbol. No es extraño que más de un ejemplar se rompa como un palillo.

En principio, esto no debería ser ningún problema para aquellos árboles que tienen un tronco tan robusto que les permite resistir cualquier tempestad. Al duplicarse el grosor del tronco se multiplica por ocho la estabilidad. ¿Por qué entonces no recurrir a la solución más sencilla, que es engrosar el tronco al máximo posible?

Los ejemplares que tienen espacio libre por todos los lados, como por ejemplo en parques y jardines, hacen precisamente esto. Sus troncos son gruesos y fuertes, y a veces incluso parecen sobredimensionados. Pueden permitirse este derroche porque no tienen competencia. Tan pronto como aparecen competidores, un árbol ha de elegir entre crecer a lo ancho o buscar la altura. Si pierde la carrera hacia la luz, ya no podrá pensar más en crecer, pues entonces estará condenado a malvivir en la sombra.

Cada árbol sabe valorar con toda precisión cuánta energía ha de invertir en su seguridad contra el viento. Si una parte del cuerpo leñoso es demasiado débil, cuando hay vendaval se producen torceduras, distensiones y esguinces del tejido del tronco. ¡Eso duele! Para evitarlo en el futuro, el árbol produce más masa leñosa, de modo que el tronco engorda rápidamente. De esta manera, el proceso de crecimiento se equilibra con el tiempo y el árbol alcanza un estado que le resulta suficiente para el lugar en que se encuentra. Claro que este mecanismo también plantea un problema: puesto que los árboles son seres muy flemáticos y viven muchísimos años, parten del supuesto de que las circunstancias externas son invariables. Además de la dirección principal del viento y de la fuerza de las tormentas otoñales, hay que contar también con el entorno social. ¿Están muy juntos los árboles vecinos para que uno pueda apoyarse en ellos si es preciso? ¿Hay algunos ejemplares extraordinariamente altos en la proximidad que obstaculicen y moderen las rachas huracanadas? En este caso se puede invertir más energía en el crecimiento en altura, y el tronco permanece delgado.

Ahora bien, la mayoría de los árboles se hallan en parcelas explotadas de alguna manera por los seres humanos. Para el bosque, esto significa que de vez en cuando se talan determinados ejemplares. Con ello, sus vecinos pierden estabilidad, pues ya no pueden contar con los brazos fuertes de sus congéneres. Esta súbita alteración tiene ocupados a los árboles entre tres y veinte años. Sólo entonces volverán a ser tan estables como antes de la intervención y habrán compensado la falta de apoyo de los vecinos desaparecidos. En esta fase de cambio, los temporales son mucho más peligrosos, y a menudo se inicia una reacción en cadena que resulta fatal: el árbol inestable cae al suelo, y con ello priva a sus vecinos del apoyo que les prestaba, y éstos a su vez también ceden ante la fuerza del viento. En los bosques de coníferas, en que los árboles están plantados muy juntos y en fila, se observa este fenómeno muy a menudo. Se comportan como un campo de trigo, que después de una tormenta parece postrado. En invierno, los medios informan regularmente de crestas montañosas en que se ha tumbado un bosque entero.

En las selvas vírgenes, estas cosas no suceden. En todas partes hay árboles altos y gruesos que resisten las tempestades y frenan los vientos más fuertes. Cuando llega un huracán, al chocar con los gigantes de la selva se quiebra en multitud de pequeñas ráfagas que causan mucho menos daño. Los árboles más jóvenes, que se mantienen agachados en el lado protegido del viento, no tienen nada que temer. Y si alguna vez cae uno de los grandes, al lado ya tiene numerosos vástagos dispuestos a ocupar el hueco.

Retrato: la picea

La única especie de picea autóctona de Alemania es la picea común o falso abeto *(Picea abies)*. Aunque autóctona sólo lo es en las zonas altas de los Alpes y en las Tierras Altas del centro de Alemania (en el bosque de Baviera sólo existen en estado natural por encima de los mil metros de altitud). Originalmente no existía en el 99 % de la superficie centroeuropea.

De su lugar de origen propiamente dicho, la taiga, se ha traído una sed descomunal y la predilección por los veranos frescos. En nuestras latitudes no es posible satisfacer ambas necesidades, de manera que aquí es muy propensa a contraer enfermedades y a ser atacada por parásitos. Además, hunde sus raíces en terrenos alterados por el ser humano (antiguos campos de cultivo y prados), con lo que resulta una víctima propiciatoria de los vientos fuertes. Cuando alcanza su posible altura máxima de 40 metros, se convierte en un peligro para sus propietarios. Por eso no se recomiendan las piceas como árboles de jardín.

Una palabra más sobre las piñas de las piceas: una vez que han soltado sus semillas aladas, caen intactas al suelo (donde los niños pueden recogerlas para jugar). Eso es exactamente lo que las distingue de las piñas de abeto, con las que a menudo se confunden. Estas últimas se descomponen en el mismo árbol y en el suelo no podemos encontrar más que sus hojas diseminadas.

Las raíces

Las raíces son los órganos más enigmáticos de un árbol. Son sus patas y su boca, así como su corazón. Soportan y sostienen la parte aérea, que puede pesar muchas toneladas, captan agua y nutrientes y bombean la solución a través del tronco hasta las ramas.

Por cierto, que el transporte de agua sigue siendo hoy en día, en parte, un misterio. Un árbol adulto debe ser capaz de superar diferencias de altura de hasta 130 metros (es lo que miden los árboles más altos de la tierra). Los intentos de explicación conocidos ni siquiera bastan para los 40 metros que alcanzan de promedio las especies autóctonas europeas. Para bombear el agua hasta las ramas más altas se precisa el doble o triple de la presión de un neumático de automóvil. Los científicos consideran que la fuerza impulsora es la capilaridad, que hace que en una taza de café el líquido ascienda un milímetro por la pared. A ésta se añade la transpiración: cuando el árbol emite vapor de agua a través de los poros de respiración de sus hojas, el efecto de aspiración hace que suba agua desde abajo. Sin embargo, estas dos fuerzas no son suficientes, ni de lejos, para generar la presión necesaria. La transpiración, desde luego, desempeña un papel importante, como podemos observar cada primavera. Poco antes de brotar la hojas, las yemas de todos los árboles se hinchan, y entonces es cuando la presión del agua es la más alta del año. Si uno necesita agua, por ejemplo de un abedul o de un arce, éste es el momento idóneo. El jugo entra con tanta fuerza en el tronco que se puede oír con un estetoscopio. No obstante, la fuerza de transpiración todavía no puede actuar, pues el árbol aún no tiene hojas. Podemos dar por seguro que el árbol de capaz de bombear activamente con sus raíces.

El suelo

En la literatura científica se asigna a cada género arbóreo un determinado tipo de suelo óptimo para su desarrollo. Los alisos, por ejemplo, soportan las aguas estancadas en el subsuelo sin que sus raíces se pudran, sino todo lo contrario: los árboles de este género se desarrollan espléndidamente en estas circunstancias. Hay también otros árboles que toleran muy bien los sótanos inundados.

Todas las demás categorías, como, por ejemplo, los suelos húmedos profundos o los lugares secos con escasos nutrientes, son disputadas, pues en principio todos los árboles prefieren una tierra rica en nutrientes, bien ventilada y con un alto contenido de humedad. En estas condiciones ideales sólo puede haber un vencedor, ya que los árboles crecen todos de modo distinto, aunque sólo sea con matices. Basta observar la llamada vegetación natural potencial, es decir, la situación imperante sin que interviniera la mano humana, para ver qué especie sale ganando. En Centroeuropa es, en la mayoría de los lugares, el haya. Si los administradores forestales, los urbanistas y los propietarios de jardines no dieran una oportunidad a otros géneros, estaríamos rodeados de hayedos.

Es un árbol que crece constantemente hasta muy viejo, se cuela entre las copas de otras especies y les hace sombra con su propia vegetación, hasta que los competidores así acosados acaban muriendo. Desde hace ya 5000 años avanza de sur a norte, y si no lo frenáramos, se dispondría ahora a invadir el sur de Suecia.

Las hayas son árboles mimados, que tienen problemas tan pronto cambian las circunstancias. La sequía, la escasez de nutrientes y los suelos planos y pedregosos someten a los ejemplares de este género a una dieta estricta, que pueden soportar pero que no les permite jugar todas las cartas que les dan ventaja competitiva. Esto las distingue de otros géneros: el roble, por ejemplo, soporta mucho más la sequía, como también el frío. Cuando el haya aparece en zonas de este tipo, ha de competir con el roble en inferioridad de condiciones. Por eso, en Brandemburgo, por ejemplo, con su clima continental seco, se observa la transformación natural de los hayedos en robledales.

Las coníferas, de hoja perenne, pueden jugar con ventaja cuando se trata de reaccionar con rapidez. Es lo que sucede en las regiones con un período de vegetación corto. Cuando el verano no dura más que unas semanas, cada día cuenta. Mientras los frondosos despliegan con esfuerzo sus hojas en la corta primavera, sus competidoras coníferas ya están produciendo azúcares y madera. Por eso se observa, a partir del centro de Suecia, un cambio de frondosas a coníferas.

En resumen, podemos decir que todos los géneros de árboles buscan un entorno agradable, pero que cuanto peores sean las circunstancias, tanto mejor medran los géneros más modestos y menos exigentes. En nuestro jardín, esto quiere decir que, si el suelo es bueno, podemos plantar cualquier especie de árbol. Si las condiciones no son favorables, el mejor que dejemos que los ascetas aprovechen su ventaja, ya que están especializados en diversos extremos.

Candidatos al tambaleo

A menudo oigo hablar o leo sobre distintos tipos de raíces. Dicen que hay árboles con raíces penetrantes (axonomorfas), otros con raíces en forma de corazón (ramificadas) o con raíces superficiales. Es cierto que algunos géneros penetran muy profundamente en la tierra, como por ejemplo los robles y los abetos. De este modo pueden acceder a más reservorios de agua y resistir mejor los vientos fuertes. Todo lo demás, dicho sea sin molestar, son cuentos chinos. Especialmente los árboles de raíces superficiales (y en particular las piceas) se mencionan una y otra vez en la prensa cuando se informa de daños producidos por vientos huracanados, e incluso algunos de mis colegas no se cansan de contar historias al respecto.

Las raíces del árbol sirven tanto para la absorción de nutrientes como para su sujeción, pues sin ellas se caerían. La evolución es inmisericorde. Los árboles que por su disposición genética no estén bien sujetos al suelo y tengan un sistema radicular débil, no tienen posibilidad alguna. Las tempestades invernales se ocuparían de eliminarlos para dejar sitio a géneros mejor arraigados.

El mito del árbol de raíces superficiales se originó con la plantación de piceas en regiones climáticas cálidas y en suelos inadecuados. Estos árboles crecen por naturaleza en la taiga, el cinturón septentrional de bosques de coníferas, donde hace frío y llueve mucho. Allí, la primavera, el verano y el otoño duran pocas semanas, de manera que hasta los ejemplares centenarios apenas son más grandes que un árbol de Navidad que cabe en nuestro salón.

Si trasladamos árboles de este género al sur (o sea, a nuestras latitudes), donde pueden crecer a tope durante nada menos que seis meses al año, alcanzan dimensiones muy distintas. Además, y ahí radica el mal propiamente dicho, suelen plantarlos en antiguos suelos agrícolas. En Alemania se trata de casi todas las superficies, pues hasta el siglo XVIII el bosque había desaparecido prácticamente en todas partes, cediendo el terreno a campos de labor o pastizales. Los cortos arados tirados por animales rascaban el terreno y lo preparaban para una cosecha escasa. El arado penetraba hasta unos 20 centímetros de profundidad y no sólo revolvía el suelo, sino que también lo amasaba. De este modo se obturaban los canalillos de aire y los poros, interrumpiéndose así el transporte de oxígeno a las capas inferiores. Debido a ello se extinguía la vida en el suelo. El pastoreo regular de ovejas en pendientes demasiado escarpadas para el cultivo produjo un deterioro similar del suelo.

También se vio afectado el transporte de agua: cuando llovía se anegaban los 20 centímetros superiores como una bañera, para volver a secarse con igual o mayor rapidez al cabo de pocas semanas.

Estos estropicios del suelo no se han reparado hasta hoy, al contrario. Las grandes máquinas utilizadas en la agricultura y la silvicultura provocan por su peso una destrucción análoga de la estructura porosa, con idénticas consecuencias.

En un suelo deteriorado, no sólo las piceas, sino también los árboles de otros géneros, forman un cepellón plano. Por eso se caen con facilidad por efecto de un golpe de viento.

Las delicadas raíces de todos los géneros de árboles, como también las de la picea, mueren por falta de oxígeno en el suelo maltratado. Ya no pueden penetrar a más de 20 centímetros de profundidad. Debido a su tamaño, fruto de nuestros largos períodos de vegetación, y a la debilidad de sus raíces asfixiadas, las piceas y demás coníferas son víctimas propiciatorias de los temporales. Examinemos el cepellón de un árbol tumbado por una ráfaga de viento: es plano, como si lo hubieran cortado por debajo con una navaja de afeitar, y pocas veces alcanza un grosor superior a 20 centímetros. Esto corresponde exactamente a la profundidad de las labores agrícolas medievales o a la de los daños de compactación de la época moderna a causa de la maquinaria pesada. Dado que la mayoría de los bosques de piceas se plantaron en este tipo de suelos, surgió el mito de que se trata de una especie de raíces planas. Sin embargo, en las condiciones descritas, todos los árboles, salvo unas pocas excepciones, desarrollan raíces planas, desde los frutales hasta las hayas. Si alguien desea plantar árboles que arraiguen bien en una parcela dañada, le recomiendo optar por robles o abetos, pues estos perforan la capa del suelo en que escasea el oxígeno y de este modo pueden regenerar el suelo.

A lo ancho

A medida que el árbol crece, las raíces también han de extenderse. Cuanto más voluminosa sea la biomasa aérea, tanto más hace falta bombear agua y nutrientes. Y para que no haya problemas y siempre estén disponibles suficientes recursos, las raíces han de adelantarse al crecimiento de la parte aérea. De este modo, al mismo tiempo se asegura la estabilidad del árbol, que puede agarrarse al suelo cuando sopla un viento fuerte.

En general, se puede decir que el volumen de las raíces equivale al tamaño de la copa. Por tanto, si proyectamos mentalmente el diámetro de la copa sobre el suelo alrededor del tronco, podemos hacernos una idea de la extensión de las raíces. Ahora bien, éste es tan sólo el caso ideal teórico, porque en la práctica se observa una y otra vez que los árboles, y sobre todo los solitarios, llegan mucho más lejos con sus raíces. En los parques y jardines aprovechan la ausencia de competidores y a menudo extienden sus estribaciones subterráneas hasta diez metros más allá del radio de la copa por debajo del césped. Por esta razón, estos árboles son especialmente estables. En cambio, los ejemplares que crecen muy juntos tienen en muchos casos un volumen radicular demasiado pequeño y confían su estabilidad a sus vecinos, en los que pueden apoyarse.

Ayudantes

Los hongos son seres extraños: constituyen un reino aparte del de las plantas y los animales. No realizan fotosíntesis y para obtener sus alimentos dependen, igual que los animales, de otros seres vivos. Sus paredes celulares producen muchas clases de quitina que no se encuentra en las plantas, pero sí, por ejemplo, en insectos. Viendo el conjunto de propiedades, los hongos se acercan más a los animales que a las plantas.

En relación con los árboles, nos interesa una forma particular de simbiosis: la micorriza. Los hongos forman un delicado tejido alrededor de las raíces finas de los árboles y aumentan así la superficie de éstas en un múltiplo. Como si se tratara de algodón hidrófilo, los hongos absorben agua y nutrientes del suelo y los hacen llegar a las raíces. A cambio de esta labor reciben una retribución del árbol, que lleva azúcares y otros hidratos de carbono de la copa a los ayudantes del sótano y de este modo los mantiene activos.

Las micorrizas también se ofrecen como almacenes de reserva de nutrientes y agua, de modo que el árbol puede seguir realizando fotosíntesis en tiempos de escasez. Sin embargo, no siempre se mantiene fiel a sus operarios del subsuelo, sino que en caso de cambiar las condiciones ambientales y fallar uno de los hongos, se busca simplemente otros ayudantes. Y a la inversa, también hay muchos hongos que se llevan bien con distintas especies de árboles. Así, el boletus se encuentra tanto en hayedos como en bosques de piceas. También existen algunos que se han especializado en un único género de árboles. Por ejemplo, el boleto anillado *(Suillus luteus)* forma micorrizas con el alerce; el boleto del abedul suele encontrarse exclusivamente al pie de los árboles que le dan nombre. No olvidemos que la seta que brota del suelo no es más que el cuerpo fructífero del hongo, como las manzanas de un manzano. El hongo propiamente dicho es el amplio tejido ramificado en el suelo. Si apartamos un poco la hojarasca alrededor del tronco de un árbol podremos ver una retícula blanca, parecida al moho. Hasta finales del verano o el otoño no sabremos a qué género pertenece, cuando fructifique el hongo. Cuando se recogen setas, da lo mismo si se arrancan o se cortan por la base, ya que ninguna de estas formas daña la estructura subterránea. Si queremos hacerle un favor al árbol, conviene que dejemos al menos una seta sin recoger, para facilitar así su propagación. De debajo de los vistosos sombreros emanan varios millones de esporas cada hora, que con ayuda de la brisa se depositan junto a otros árboles con los que puedan formar simbiosis.

La pata de apoyo

Las gruesas raíces leñosas desempeñan en los árboles la misma función que en los humanos las piernas: gracias a ellas, el tronco se mantiene en pie. Como en el muro de una iglesia antigua, unos contrafuertes ascienden más o menos medio metro por el tronco para sostener el peso de la biomasa aérea. Es asombroso cuánta carga soporta este sistema: vientos de hasta 100 kilómetros por hora producen en árboles de hasta 40 metros de altura un enorme efecto de palanca, pero no logran dañar el árbol si la madera está incólume.

Seguro que alguien ha intentado alguna vez (aunque sólo fuera de broma) empujarnos para que perdiéramos el equilibrio. La reacción instintiva es apartar una pierna hacia el otro lado para apoyarnos. Algo parecido es lo que hacen los árboles: si soplan fuertes vientos, principalmente de una dirección, junto al tronco se forma, en el lado de sotavento, una raíz de apoyo especialmente gruesa. Claro que la causa de esta formación también puede radicar en una posición inclinada, como veremos más adelante. Si el árbol es recto como un mástil, el grosor de las raíces nos indica, efectivamente, la dirección principal del viento cuando hay tempestad.

¿Cómo detecta el árbol de dónde sopla el viento cuando hay tempestad? Sus experiencias son de naturaleza dolorosa. Las rachas fuertes de viento provocan microfisuras en el tronco, pues éste se arquea y se agrieta. Esto se puede comparar un poco con las estrías del embarazo. El árbol nota esta sobredilatación dolorosa y trata de evitar en el futuro este tipo de lesiones reforzándose en el lado opuesto.

Los árboles que están inclinados tienen preocupaciones muy distintas. No sólo cuando sopla el viento, no, sino que continuamente han de luchar contra el sobrepeso que actúa en una dirección. Para no caerse, forman una raíz de apoyo en el lado hacia el que están inclinados. Esto, sin embargo, no es suficiente en muchos casos, de manera que el árbol genera entonces una raíz tirante en el lado contrario.

Las raíces de apoyo mantienen el árbol en equilibrio cuando soplan vientos fuertes, sobre todo de una dirección.

Ésta desempeña la misma función que en una carpa de circo los anclajes y tensores, que mantienen el coloso en equilibrio.

Sin embargo, las raíces de apoyo nos revelan además otras cosas. Así, la mayoría de los árboles odian tener los pies mojados. Aparte de los especialistas de los bosques de ribera, como los alisos, los chopos, los fresnos o los sauces, los árboles suelen rehuir el agua. Pero dado que no pueden desplazarse, huyen hacia arriba. Efectivamente, las raíces de apoyo que no desaparecen en el subsuelo al cabo de medio metro, indican que el suelo suele estar mojado. Si podemos ver varios metros de raíz, quiere decir que se trata de un árbol que tiene problemas con el agua.

A propósito de los problemas con el agua: cuando se producen temporales de larga duración, un árbol puede pisotear el suelo con todo su cepellón de raíces. El tronco empujado por el viento tira con cada racha de su anclaje, que poco a poco se suelta más y más, hasta que finalmente toda la tierra que rodea el árbol sube y baja como un oleaje. Si esto ocurre en suelos que siempre están mojados, también se produce un efecto de bombeo, que con cada empujón traslada agua y barro hacia arriba. Este fenómeno hace que una vez pasado el temporal, en la zona de las raíces aparece un lodo de color claro.

Gol en propia puerta

Vistas desde arriba, las raíces se asemejan a una estrella: se extienden desde la base del tronco hacia todos los lados para sostener el árbol y estabilizarlo. Aunque algunas sean más gruesas que otras, en función de la carga mayor o menor del tronco, la imagen de conjunto es regular y homogénea. La capacidad de soporte máxima posible la alcanzan cuando avanzan en línea recta, como en un barco de vela cuyos mástiles se aseguran mediante cabos. Hasta aquí la teoría.

En la práctica, muchos árboles no se atienen a esta norma de seguridad. A veces hay un obstáculo (como una gran roca) que obliga a la raíz a desviarse, a veces es el capricho de un ejemplar con ganas de experimentar. En cualquier caso, esta particularidad hace que aumente el riesgo y se intensifique la actividad estabilizadora en el pie del tronco. Porque las formas curvas han de compensar la desviación de la estructura ideal con refuerzos para alcanzar la capacidad de sostenimiento de las raíces construidas correctamente.

En algunos árboles, el capricho adquiere formas grotescas. Es el caso de las raíces que no sólo se desvían un poco de la norma, sino que se la saltan a la torera descaradamente, rodeando la base del tronco como una bufanda. Lo que parece una medida de protección se convierte con los años literalmente en un gran problema, pues la raíz llega a obstaculizar el engrosamiento del tronco, impidiéndole formar corteza y conductos. Es cierto que el árbol puede pasar por encima del obstáculo causado por él mismo, pero a costa de fuertes desviaciones del curso de las fibras. Éste es justamente el punto en el que en caso de un viento huracanado puede romperse el cuerpo leñoso, pues allí es más débil y no consigue responder con flexibilidad a las rachas fuertes. Éste es también el motivo por el que semejantes numeritos no son muy frecuentes en la naturaleza, pues árbol quebrado no tiene descendencia.

El tronco

¿Qué sería un árbol sin tronco? Este miembro importante asegura la ventaja competitiva decisiva frente a otras plantas en la lucha por un sitio al sol. Dicho sea de paso, gracias a la longitud del tronco, los árboles son los seres vivos más grandes del mundo. A los humanos no nos sucede a menudo que tengamos que levantar la vista para contemplar otros géneros; tal vez sea por eso que sintamos cierto respeto ante estos vegetales.

Pero el tronco también es la tarjeta de visita del árbol. La forma y la corteza revelan el género, y el estado –incólume o atacado por hongos– nos indica si el árbol está sano o tiene ya los días contados.

Para los propietarios de un jardín es importante la función de sostén en un doble sentido: ¿es el árbol suficientemente estable para sostener una hamaca o una cuerda para tender la ropa? Y los troncos de los árboles viejos y pesados que han crecido junto a la casa, ¿resistirán los embates del viento con seguridad?

El esqueleto

Si podemos ver la madera de un árbol, quiere decir, por lo general, que éste está malherido o muerto. Porque la madera es el componente más interno y por tanto siempre está protegido por la corteza. Para comprender bien a los árboles hemos de examinar más de cerca este tejido oculto.

Para elevarse por encima de la demás plantas, los árboles necesitan un soporte robusto. Lo que para el ser humano es el esqueleto, para el árbol lo es la madera. Sin embargo, a diferencia de nosotros, el esqueleto arbóreo ha de soportar una carga mucho mayor. Un tronco adulto puede llegar a pesar veinte toneladas o más, que en caso de temporal puede tirar de las raíces con una fuerza equivalente a un múltiplo de su peso.

La madera, para ser estable, está construida como una estructura de fibra de vidrio. Las fibras se forman con celulosa, unos hilos finísimos, parecidos al algodón. Entre estas fibras hay unas moléculas de hemicelulosa cortas, que hacen que la estructura sea más flexible. Los cordones de celulosa y hemicelulosa están rodeados de un pegamento, una sustancia llamada lignina, que al endurecerse aporta rigidez, como la resina sintética en la fibra de vidrio. Una vez aplicada la lignina se dice que se ha producido la lignificación. Por ejemplo, a partir de entonces el tejido resiste las heladas. Toda esta estructura es de tamaño microscópico, de manera que no podemos reconocer a simple vista ni las fibras ni el pegamento. Éstas forman las paredes celulares, que como los alvéolos de las abejas se juntan para formar un esqueleto que es duro y tenaz: la madera. Los mismos componentes nos los encontramos cuando vamos a comprar papel: el llamado papel sin madera viene de los árboles, pero no contiene lignina, sino únicamente las fibras de celulosa, aparte de otros aditivos. Estas hojas no amarillean tan pronto.

Además de sostén, el cuerpo de madera también asegura la conducción de agua. Mediante conductos capilares se extiende un sistema de canalización desde las raíces hasta la copa.

Las células formadas en primavera son más grandes y de paredes más delgadas que las que se incorporan en verano, antes de que el árbol suspenda la producción en otoño y finalmente pase a hibernar. Estas diferencias nos permiten distinguir los anillos anuales en el tronco talado, ya que la separación entre células de verano oscuras y células de primavera claras se repite año tras año.

A medida que el tronco se engrosa, deja de necesitar todos los conductos de agua formados anualmente, pues continuamente se crean nuevos, y es más, puesto que los anillos anuales que se forman en el exterior siempre son más grandes que los de más adentro, la capacidad de transporte crece más rápidamente que el diámetro del tronco. Un árbol que dobla el grosor del tronco, cuadruplica su sistema de conductos. A partir de un diámetro de diez centímetros, el árbol deja de utilizar los conductos más antiguos. En la misma media en que por fuera se construyen nuevos, en el interior se obturan los viejos. Acto seguido, las células de madera mueren, pero quedan protegidas de hongos o bacterias por el tejido vivo que se halla encima.

Para mayor seguridad, algunas especies incorporan sustancias repelentes para estropearles el festín a los eventuales invasores. Estas sustancias colorean la madera de rojo o castaño, lo que permite diferenciar muy bien el tejido desactivado (interior) y el tejido activo (exterior) que sigue conduciendo agua. Técnicamente se habla de duramen y albura, respectivamente. Los árboles que utilizan los colores citados son, por ejemplo, los robles, las piceas, los alerces y las douglasias.

Chapuzas

Un árbol perfecto tiene el tronco recto como un palo y de forma redonda regular, y la copa se extiende hacia todos los lados. Los ejemplares de este tipo son los supermodelos entre los árboles, los que se consideran ideales.

Sin embargo, y tal como sucede también en la sociedad humana, son pocos los que pueden presentar tales cuerpos de ensueño. Sobran los motivos para que un árbol crezca inclinado o tenga una copa irregular. En todo caso, una vez producido el desastre, de nada sirve quejarse: no es posible rectificar un tronco torcido. Los árboles, sin duda, no prestan atención a su aspecto visual, pero sí les resulta más problemática la distribución unilateral del peso del tronco y de la copa (hablamos de toneladas). Esta carga desigual debe sostenerse incluso si por mala suerte sopla un viento contra el árbol que hace que se incline todavía más.

Sin embargo, los árboles no están del todo inermes, como demuestran muchos ejemplares, ya que son capaces de adaptar la madera del tronco específicamente para hacer frente a estas cargas.

Con este fin redistribuyen la biomasa que van generando: producen una mayor cantidad de madera en las zonas sometidas a sobrecarga, lo que hace que en ellas los anillos anuales sean en algunos casos hasta diez veces más anchos que en otras partes. Y en estos sectores también varía mucho la composición de la madera: en el lado hacia el que se inclina el tronco se genera «madera de presión», donde se aplica mucha lignina y las paredes celulares son especialmente gruesas.

En el lado opuesto se forma «madera de tracción», como los vientos de una carpa o una tienda de campaña. La diferencia es que las cuerdas son mucho más pequeñas, miden tan sólo unos centímetros de longitud y se llaman fibras de celulosa. Millones de éstas juntas son tan fuertes que permiten mantener en pie incluso árboles grandes.

Debido a estas estructuras singulares, por las que el tronco crece a distinta velocidad en un lado u otro, éste ya no es perfectamente redondo, sino más bien ovalado.

Esto nos sirve de síntoma: las formas ovaladas revelan siempre una distribución desigual de las cargas en el árbol. En la mayoría de los casos ya lo podemos detectar desde lejos por la figura de conjunto.

Bifurcaciones del tronco

Muchos árboles empiezan bien: el tronco se desarrolla, tal como se ha descrito más arriba, formando ejemplarmente una columna recta como un palo. Estos alumnos modelo no necesitan estructuras compensatorias y pueden concentrar sus energías en crecer hacia arriba. Como si su belleza se les hubiera subido a la cabeza, algunos deciden de pronto, tal vez por capricho, formar una horquilla y así dotarse de dos troncos. Esto es lo que llamamos bifurcaciones. Este fenómeno también puede dar lugar a la separación del tronco en tres o más ramales, pero dado que todos ellos tienen que afrontar los mismos problemas, hablaré únicamente de las bifurcaciones.

Las causas de esta separación del tronco pueden ser diversas. Hay insectos que se comen el brote más alto del árbol, y de este modo frenan en seco el tallo ascendente de éste. A veces también son las «dentelladas» del frío, otras la obra de mamíferos, en ocasiones incluso humanos.

Sea como fuere, para seguir creciendo, el árbol no tiene más remedio que impulsar desde un brote lateral un nuevo tallo ascendente. Pero ¿de qué brote? En realidad, da lo mismo, lo importante es que el árbol se decida consecuentemente por uno sólo. Pero resulta que a algunos les cuesta decidirse. Los indecisos lanzan a la carrera tallos ascendentes de dos o tres yemas. A menudo, uno de los dos se retrasa con el tiempo, de manera que a pesar de todo se configura un tronco principal claro. El tallo retrasado aparece entonces como una rama que asciende casi verticalmente.

Ahora bien, si la indecisión se mantiene durante mucho tiempo, entonces se crea un tronco bifurcado, formado por dos partes prácticamente igual de gruesas. Si esto le perjudica al árbol o no depende de un pequeño detalle: el ángulo en el origen de la bifurcación. Si es agudo, el árbol tendrá dificultades. Un ángulo agudo es el que podemos formar con nuestros dedos índice y corazón para hacer el signo de «victoria». Si juntamos los dos dedos y volvemos a separarlos, veremos de inmediato cuál es el punto débil del árbol: exactamente el punto en que comienza la bifurcación. En este lugar, toda racha de viento fuerte hace que se agriete la madera, y por esa fisura pueden penetrar agua y hongos, que amenazan con provocar podredumbre. El árbol intenta contrarrestar el problema y refuerza con más madera exterior el origen de la bifurcación. En el interior, esto no es posible, ya que los dos troncos chocan entre sí al aumentar de grosor y no dejan sitio para materiales de refuerzo.

Al mismo tiempo, el árbol cubre las grietas sellando y obturando las células de madera para frenar el avance de los hongos.

Estas medidas no tienen efecto duradero, pues con cada vendaval comienza el juego de nuevo: cuando se produce una nueva grieta, el árbol vuelve a generar más madera. El resultado de esta lucha continua puede apreciarse desde lejos. En el punto de origen de la bifurcación, el árbol forma verdaderas mejillas, que sobresalen varios centímetros a derecha e izquierda.

Punto débil en el árbol: una bifurcación activa.

Dado que esta operación nunca se detiene, este tipo de formación suele llamarse «bifurcación activa». En los árboles viejos, éste es el punto en el que el tronco puede partirse más fácilmente. Cuando rugen las tormentas de otoño por encima de las copas, en algún momento se quiebra uno de los dos ramales del tronco. Además, las grietas pueden adquirir cada vez más profundidad, hasta que un día lleguen hasta el suelo y partan el tronco en dos. En casos extremos, y si la carga es elevada, llega un momento en que el árbol se derrumba hacia los dos lados.

La cosa cambia cuando la bifurcación tiene la forma de un diapasón. La transición forma entonces un arco, más parecido a una «U» que a una «V». En este lugar ya no tenemos una zona activa; el árbol soporta con flexibilidad el viento sin que se produzcan grietas. Estos árboles pueden envejecer tranquilamente.

Abultamientos y canales

A lo largo de la vida de un árbol acaecen muchas tempestades intensas. Cada vez que el viento sacude las copas, somete a una dura prueba la estructura del tronco. Si el recorrido de las fibras no es regular, el tronco está torcido o se ha producido una bifurcación, la madera puede quebrarse. ¡Ay! Lo cierto es que los árboles notan cuándo se rompe la madera. Y ¿qué es el dolor si no una señal que alerta de una herida que no se debe pasar por alto? Por tanto, podemos suponer que una lesión de la madera supone un fuerte dolor para el árbol.

Esta rotura es peligrosa, pues de inmediato pueden penetrar hongos. Pasada la tormenta, la hendidura no suele ser más ancha que un cabello, por lo que la puerta de entrada para visitantes no deseados es muy estrecha, pero esto no es motivo para no hacer nada, porque ya la siguiente tormenta puede hacer que el árbol se parta bajo la carga del agua que cae del cielo. Por eso trata de cerrar la herida a toda prisa. Para eso produce una mayor cantidad de madera alrededor de la hendidura.

Dado que ésta suele ser profunda, la madera que la puentea ha de soportar cargas elevadas, puesto que el resto del tronco ya no soporta nada en la parte lesionada.

Eso de darse prisa, en el caso de los árboles, es relativo: la reparación puede durar decenios. Si no hay suerte, la siguiente tempestad vuelve a abrir la grieta, de manera que la operación ha de comenzar de nuevo.

En cambio, si el esfuerzo da resultado, algún día la herida quedará tapada por una gruesa capa de madera estable. El ritmo con que el árbol ha ejecutado la reparación se podrá apreciar ahora durante toda su vida: un cordón abultado decora el tronco como una cicatriz y nos revela el viacrucis por el que tuvo que pasar.

Este abultamiento revela el recorrido de una antigua grieta.

Dibujo ondulado

¿Qué tiene que ver el tiburón tigre con los árboles? Es el dibujo de la piel el que los relaciona. El tiburón tigre tiene en el lomo y en los flancos un dibujo ondulado que reproduce perfectamente el movimiento del agua, las luces y las sombras. Este dibujo también se da en algunos árboles. Especialmente los ejemplares de especies de corteza lisa, como el haya, llaman la atención por esta particular decoración. Se trata tan sólo de unos pocos entre muchos, y el dibujo no sirve de camuflaje. Las suaves ondulaciones no son más que el aspecto exterior de un recorrido insólito de las fibras de madera y la ondulación se prolonga hasta el interior de la madera. La causa de este fenómeno se desconoce. Puede que las fibras se hayan deformado a raíz de una tempestad que hubiera doblado el tronco, o tal vez se trate de un defecto genético, el caso es que en la mayoría de los bosques o parques existen individuos que son diferentes.

A los fabricantes de instrumentos musicales les gustan estas maderas, pues proporcionan a los violines, las guitarras o incluso los pianos una superficie estriada que luce muy bien.

Mordeduras

Por mucho que las raíces se lleven muy bien con los hongos, estos últimos no son nada buenos para el árbol cuando colonizan el tronco. Se trata, naturalmente, de especies distintas; más de 1200 se alimentan de la madera.

Los hongos necesitan aire y humedad para crecer. El exceso de agua acaba con ellos, por lo que la madera sumergida en agua se conserva ilimitadamente.

El tronco suele estar protegido por naturaleza frente a cualquier invasor: del mismo modo que la piel impide la penetración de bacterias y otros gérmenes en el cuerpo humano, la corteza del árbol también sirve de barrera. Mientras el árbol esté sano y la corteza intacta, nada puede pasarle desde este punto de vista. Sin embargo, en la vida de todos los árboles llega un momento en que tiene algún percance. Puede que una ventolera rompa una gran rama de la copa, dejando desprotegida una parte de la madera. O tal vez un pájaro carpintero se excave su habitáculo en el tronco; a pesar de ciertas creencias, lo hace también en árboles sanos. En todo caso, los hongos se creen invitados a una cena de gala. Si el árbol recibe la visita de estos huéspedes indeseables, la cosa degenera en enfermedad. Para más detalles al respecto, *véase* el capítulo «El árbol enfermo» en la página 183.

Según qué componentes de la madera sean los primeros en ser atacados, se distinguen *grosso modo* dos modalidades: la podredumbre marrón y la podredumbre blanca.

Los agentes de la podredumbre marrón descomponen principalmente las fibras de celulosa. Una vez prácticamente aniquiladas, sólo queda la lignina, que aparece a la vista como una masa de color marrón que se cuartea.

En el caso de los agentes de la podredumbre blanca ocurre justo lo contrario. Se dan el festín dejando de lado la celulosa, con lo que sólo quedan trozos de madera fibrosos de color claro y muy ligeros.

Los yesqueros en el tronco indican que el árbol ya no está intacto.

Puesto que en cada metro cúbico de aire viajan continuamente de 1000 a 10.000 esporas de hongos, cuando un tronco presenta un daño, a menudo lo colonizan simultáneamente varias especies. Y éstas no siempre son pacíficas, sino que se libran verdaderas batallas por los mejores lugares en el tronco. La línea del frente, donde chocan entre sí los agentes de la podredumbre, se afianza con determinadas secreciones, a su vez colonizadas por bacterias que las tiñen de negro. Si utilizamos estufa de leña, podemos examinar la superficie de corte de la madera cuando ya está un poco enmohecida: a veces podremos ver las delgadas líneas oscuras de los combates entre hongos, y los espacios a uno y otro lado de éstas presentan a menudo colores distintos, en función de la especie que tenía allí su territorio.

Claro que los hongos también pueden ser un importante indicador. Así, los esporocarpos de los llamados yesqueros, que se enganchan al tronco en forma de medios platos, indican que en el interior del árbol se desarrollan procesos de descomposición. La aparición de los hongos sobre el tronco es siempre una señal de alarma fidedigna y certifica que el árbol afectado ya tiene los días –o los años– contados.

Caída de rayos

Las tormentas en el bosque dan miedo. ¿No constituyen los árboles enormes pararrayos? ¿Atraen los rayos y por tanto ponen en peligro a los paseantes? Puede que sirva de ayuda el dicho de nuestros abuelos, que en caso de tormenta aconsejaba: busca el haya, evita el roble.

Los rayos dañan a los árboles al transmitirse por la albura mojada y conductora de los anillos anuales exteriores y de este modo evaporan el agua. Tratan de salir violentamente al aire libre y abren una brecha a lo largo de su recorrido por el tronco. Estas grietas las encontramos, efectivamente, en algunos robles, pero no en las hayas. Pese a todo, refugiarse al pie de una de éstas tampoco ofrece mayor seguridad, pues los rayos caen con la misma frecuencia sobre las hayas, aunque éstas no muestran las secuelas. Esto se debe a las diferentes estructuras de la corteza. La del roble es rugosa, y cuando llueve el agua corre tronco abajo como si descendiera por una escalera, formando pequeñas cataratas. En cada uno de estos escalones se interrumpe la película de humedad, y con ella también la conductividad eléctrica. Si ahora cae un rayo sobre el tronco, busca el camino de la menor resistencia eléctrica para llegar al suelo. En los árboles de corteza accidentada, este camino pasa por el conducto de agua, que es la albura. En cambio, las especies de corteza lisa, como el haya, generan bajo la lluvia una película de agua continua, de manera que el rayo pasa por el exterior del tronco y alcanza el suelo sin dañar el árbol.

Así que, lamentablemente, el viejo dicho no es correcto y sólo se debe a la observación de que nunca se han visto hayas dañadas por un rayo.

Hay otras secuelas que pueden ser más peligrosas que el rayo propiamente dicho. He descubierto varias veces en el bosque árboles que parecían la mampara de un tirador de cuchillos, llenos de astillas. La causa estaba en el árbol vecino, destrozado por un rayo. La fuerza de la explosión hizo que salieran astillas disparadas a tal velocidad que se clavaron en los troncos de otros árboles. En todos los casos se trataba de especies coníferas, que de este modo se habían convertido en bombas de fragmentación. Hay otro fenómeno que sólo he observador en árboles de esta clase: algunos ejemplares tocados acaban muriendo, pero no ellos solos. Como en un círculo mágico, la potente carga eléctrica en el suelo hace que sea todo un grupo el que pase a mejor vida.

De todos modos, no ocurre muy a menudo que caiga un rayo sobre un árbol. Tratemos de recordar cuántos troncos hemos visto con grietas causadas por los rayos. Si tenemos en cuenta la edad que pueden alcanzar las distintas especies, concluiremos que las descargas eléctricas atmosféricas en el bosque son más bien raras. Si uno no se halla paseando precisamente por una elevación, el riesgo bajo los árboles es bastante escaso.

Rebrotes

Fue la cantante Alexandra quien ya nos contó en su canción *Mi amigo, el árbol* la historia de un ejemplar que había sido talado y que después revivió. Los árboles que vuelven a crecer a partir del tocón se llaman rebrotes. Son capaces de crecer con una rapidez inusitada, ya que tienen a su disposición el gigantesco sistema radicular de su predecesor. De este modo disponen de agua y nutrientes en abundancia y pueden salir disparados hacia arriba como si tuvieran un turbomotor. Sin embargo, este intento de resucitar suele fracasar al cabo de algunos años, ya que el arbolito no es capaz de alimentar todo el sistema de raíces, que acaba muriendo en gran parte. El resto que queda tiene entonces el tamaño que encaja con el delgado tronco.

De un viejo tocón puede renacer nueva vida.

No todos los géneros de árboles tienen la capacidad de rebrotar. Especialmente las coníferas tienen dificultades para empezar desde el principio después de sufrir una violenta derrota. En cambio, la mayoría de frondosas tratan de recomenzar su andadura después de una tala.

Esta capacidad la aprovechó la población pobre de siglos pasados talando el bosque entre cada 20 y 40 años. El espacio sin árboles se dedicó entonces a algunos trabajos agrícolas, hasta que al cabo de pocos años surgió de nuevo un bosque joven. Al repetirse una y otra vez este juego de tala y rebrote, nunca hubo árboles grandes, y en consecuencia este tipo de aprovechamiento se denomina *monte bajo.*

Los ejemplares que tienen este pasado se reconocen fácilmente por los bultos y protuberancias del pie del tronco, que son más pronunciados hacia un lado. A menudo incluso se puede atisbar el contorno del viejo sistema radicular, por mucho que en el centro ya esté podrido. En sentido estricto, el árbol nuevo no es más que un renuevo de su antecesor, de modo que se trata de un ser vivo mucho más antiguo. Con este pasado, muchas especies son capaces de doblar la edad máxima.

Después de la tala de una frondosa, de la corteza salen a menudo nuevos vástagos, que tienen que ponerse de acuerdo en cuál de ellos formará el nuevo tronco. Y puesto que muchas veces ninguno quiere ceder, se forma todo un haz de nuevos tallos. Como un ramo de flores en el florero están ahí, muy juntos, los nuevos robles, hayas o fresnos. Y su futuro es totalmente incierto, pues hay una cosa clara: no todos podrán convertirse en un gran árbol adulto, pues para ello no hay espacio suficiente.

Con el tiempo destaca a veces un tallo especialmente rápido y robusto, que se hace con el mando y deja atrás a sus competidores. Con ello también les quita cada vez más luz, de manera que estos últimos acaban atrofiándose como tallos secundarios insignificantes.

En cambio, si son varios los vástagos que aspiran al liderazgo sin que destaque ningún favorito, llega un momento en que los troncos, cada vez más gruesos, chocan entre sí y se funden en uno solo. Si al principio todavía se distinguen los diferentes ejemplares, muchos años después no será más que un tronco imponente con profundas estrías el que atestigüe el origen separado. Y puesto que de todos modos la totalidad de los tallos provienen del mismo sistema radicular, y por tanto son el mismo ser vivo, ahora se han juntado los que ya eran uno.

Por el contrario, si los tallos no logran unirse, el futuro pinta muy mal. Cada ejemplar sólo puede desarrollar fuertes raíces hacia un lado, puesto que el viejo tocón bloquea toda penetración hacia el centro. Si en el caso antes descrito de unión de todos los tallos éstos se apoyan mutuamente, los individualistas carecen de sostén propiamente dicho. Cuando los nuevos troncos alcanzan cierta altura, el efecto de palanca de la copa se vuelve cada vez más fuerte y con los años la estructura tiende a abrirse hacia los lados. En los árboles con un duramen resistente a los hongos, como por ejemplo los robles y los castaños, un único tallo restante todavía es capaz de crear tejido nuevo suficiente para resistir. En todos los demás géneros, el individualismo favorece una putrefacción masiva en los puntos de rotura que en algún momento acabará también con «el último mohicano».

Retrato: el tilo

He aquí por fin un género de árboles que realmente pueden llegar a ser milenarios. En sentido estricto, se trata de dos especies que tienen características muy similares: el tilo común *(Tilia platyphyllos)* y el tilo silvestre *(Tilia cordata)*. Ambas son especies autóctonas, que se distinguen fácilmente por dos rasgos: el tilo común tiene hojas anchas, que en el reverso muestran un vello blanco en las bifurcaciones de los nervios, mientras que el tilo silvestre tiene hojas más pequeñas y mechones de vello rojizo en los nervios de las hojas.

En el bosque, ambas especies suelen ocupar nichos y, al igual que el carpe (*véase* la página 173), toleran mucha sombra para poder sobrevivir bajo las copas de los demás géneros. Los humanos los hemos sacado de esos rincones apartados desde hace siglos para plantarlos en lugares destacados. Los árboles lo agradecen con una tenacidad increíble. Incluso en edad muy avanzada, cuando el grueso tronco ya está totalmente hueco y se pudre por un lado, año tras año sacan nuevos brotes sanos y son capaces de servir a muchas generaciones de humanos para indicar el camino u ofrecer sombra. Únicamente las disposiciones novedosas en materia de circulación viaria suponen un peligro: inspectores excesivamente quisquillosos se niegan a asumir responsabilidades sobre los troncos atacados de viejos tilos y a veces recomiendan su tala. Por suerte, existen asociaciones y movimientos, en su mayoría de carácter local, que se dedican a proteger a los árboles y a asegurar su supervivencia. Qué duda cabe de que cuesta algo de dinero sostener gruesas ramas con soportes metálicos, pero nuestros árboles más antiguos se lo merecen.

Las ramas

En principio, las ramas no son más que troncos delgados. Cada año forman un anillo anual en la madera y por tanto se vuelven cada vez más gruesas. Todas las características y los problemas que hemos conocido en relación con los troncos también son aplicables a las ramas. Al fin y al cabo, en los árboles grandes pueden alcanzar un diámetro de medio metro. Sin embargo, existe una importante diferencia que las distingue de los troncos: las ramas no han de crecer por fuerza hacia arriba, sino que lo hacen principalmente hacia los lados, con el fin de crear, en el «ático» del árbol, una copa que sea lo más grande posible. Observemos por tanto más de cerca el piso superior.

Vigas de techo

Para llevar a cabo la fotosíntesis, el árbol ha de sujetar en alguna parte sus hojas o acículas. Para eso están las ramas. El proceso comienza allí donde ya no hay nada parecido a un tronco, o sea, arriba en la copa o en forma de excrecencia lateral. Los «paneles solares» del árbol suelen estar montados en las ramas menores.

No obstante, las ramas gruesas cumplen además otra función: conquistar espacio para la copa. La luz es el factor de escasez del bosque, y sólo sobrevive quien reciba suficiente. Como ya hemos visto, los árboles frondosos son capaces de desplazar la copa, reforzando simplemente la rama que penetra en un hueco entre otros árboles y dedicando todas sus fuerzas a ocuparlo plenamente. La madera se engrosa con el tiempo, cada año surgen nuevas ramificaciones, hasta que finalmente se forma una verdadera copa. Esta posibilidad de expansión explica por qué las copas de los árboles frondosos tienen a menudo un aspecto muy irregular.

Las especies coníferas, en cambio, se atienen estrictamente al modelo elegido: un tronco rectilíneo del que salen las ramas hacia los lados con toda regularidad. Una conífera sólo puede reaccionar si se produce un hueco en un lado haciendo que la rama correspondiente crezca más rápido, pero es incapaz de formar una copa totalmente desplazada de la vertical. Y para ella, esto es cuestión de vida o muerte: en invierno, cuando los frondosos se han desprendido de todas las hojas, sus compañeras coníferas se mantienen acicaladas. Si entonces nieva intensamente, y si la nieve está mojada y pesa, sobre las ramas se acumula rápidamente una carga de varias toneladas, ya que las acículas retienen la nieve. En estas condiciones, una copa desplazada hacia un lado se rompería bajo la carga.

Una excepción son los pinos, que copian la estrategia de las frondosas, como delata su copa irregular. No es extraño, por tanto, que este género de coníferas sufra fácilmente roturas durante las nevadas.

Amigos

A menudo se oye decir a expertos que los árboles que crecen demasiado juntos deben separarse para que puedan desarrollarse. Separar significa talar uno o varios, para que los que queden tengan espacio para sus copas.

Sin embargo, esto sólo es media verdad, ya que en el entorno natural, los ejemplares de un mismo género no suelen luchar tanto entre sí como da a entender el consejo de los expertos. Ocurre más bien que se alían y se ayudan mutuamente frente a otros géneros o apoyan a congéneres enfermos administrándoles un jarabe azucarado a través de tenues conexiones entre las raíces (*véase* el capítulo «Árboles en libertad», página 17).

Esta conexión natural muchas veces no existe entre árboles plantados, ya que su sistema radicular está alterado y se ocupan durante toda la vida en conseguir estabilizarse medianamente. Al parecer, apenas tienen tiempo y energía para entablar relaciones sociales. El mencionado consejo de los expertos forestales es fruto de sus observaciones en las plantaciones, que es lo que son los «bosques» monótonos de piceas o incluso de especies frondosas. Enormes extensiones de árboles de la misma edad, todos plantados a la misma distancia entre sí: eso no existe en la naturaleza. Y este vasto «parvulario», en el que cada uno intenta adelantarse y crecer por encima del vecino, es efectivamente tan inestable como un campo de trigo, en el que una espiga se apoya en la otra y que se colapsa con la menor tormenta.

En los bosques naturales, e incluso en el jardín, se observa a veces todo lo contrario: árboles del mismo género traban amistad. De las raíces ya hemos hablado, y las conexiones de este tipo no podemos verlas, naturalmente. En cambio, el juego de las copas se desarrolla en plena luz del día.

Los ejemplares que rivalizan entre sí estiran sus ramas en dirección al competidor, en un intento de robarle los rayos de sol. Estos pendencieros se reconocen por el hecho de que todos tienen una copa extendida regularmente hacia todos los lados, incluido el lado en que se halla el rival. Semejantes disputas se dan a menudo en las plantaciones, donde todos los árboles tienen la misma edad y por tanto también son igual de altos. Si en el bosque virgen el árbol madre procede a una selección mediante una cuidadosa dosificación de los rayos de sol, dejando que sobrevivan sólo los retoños más fuertes, en una plantación todo son codazos y empujones. Cada ejemplar trata de ocupar un espacio suficiente y a menudo no se tranquiliza la situación hasta pasados cien años. Pero incluso entonces sigue habiendo alguna que otra pelea, como demuestran las ramas que compiten entre ellas.

En cambio, los árboles que han trabado amistad se comportan de un modo muy distinto. En dirección al compañero no extienden más que pequeñas ramas, como si sólo quisieran palparse. Las ramas gruesas y el grueso de la copa los desarrollan hacia el otro lado, el más alejado del amigo. Desde lejos, ambos árboles parecen uno sólo, y al fin y al cabo están tan unidos como una pareja felizmente casada desde hace años.

Así que si nos atenemos al consejo de los expertos y eliminamos a uno de los dos, el resultado podría ser el contrario del deseado. Apenas hayamos talado uno, el superviviente comienza a decaer. Echa en falta el apoyo mutuo, la resistencia común a las tempestades, y se nota que la soledad le hace sufrir.

Además, a través del tocón penetran hongos en el sistema radicular común, de modo que el ejemplar que había sobrevivido acaba muriendo a veces al cabo de pocos años.

En casos muy poco frecuentes, se observa otro fenómeno: árboles que se dan la mano, o mejor dicho, la rama. Sucede a menudo que las ramas que crecen muy juntas en un mismo árbol acaban fundiéndose en una sola. A veces, una de ellas crece alrededor de la otra en un abrazo que puede ser avasallador. Estas uniones no dejan de ser frágiles, ya que entre las distintas ramas se mantiene la corteza, que impide que se forme una sola unidad. Por efecto de una fuerza poderosa, como por ejemplo un vendaval, las ramas que se han unido de esta manera pueden volver a separarse.

Sin embargo, a veces ocurre que debido a fricciones anteriores entre una y otra ha desaparecido la corteza. Si ahora se tocan madera con madera, cámbium con cámbium (*véase* la página 75), las dos ramas pueden unirse efectivamente y constituir un sistema conjunto. Estas alianzas son muy estables y en ellas se produce un transporte común e intercambio mutuo de agua y nutrientes. Claro que esto no ocurre muchas veces. En casos muy excepcionales se observa el mismo fenómeno entre dos árboles distintos, que se juntan de este modo para formar una unidad. Para ello deben llevarse verdaderamente bien, cosa que suele ocurrir especialmente con las hayas y los sauces.

Los árboles pueden trabar profundas amistades.

Encontrar una pareja de árboles de este tipo es tan raro que, en comparación, los tréboles de cuatro hojas pueden considerarse abundantes. A pesar de todo, es toda una aventura dedicar un paseo por el bosque o por el parque a buscar tales ejemplares. Tal vez también exista una pareja secreta en el seto del jardín.

Y si no conseguimos observar un proceso de intimación de esta clase, tal vez sí consigamos oír el comienzo de una buena relación: las ramas que se frotan hacen bastante ruido con una ligera brisa, y a menudo los paseantes confunden en el bosque este cantar de los árboles con el golpeteo de un pájaro carpintero.

Holgazanes

Todos los árboles llegan a tener algún día bonitas ramas gruesas, pobladas de miles de hojas o acículas que realizan fotosíntesis a todo trapo. Claro que todo este aparato también necesita suministros y consume, para funcionar, un montón de energía. Por esto, la producción de oxígeno en el bosque fluctúa notablemente a lo largo del día. Mientras luce el sol, las hojas y acículas producen varios kilogramos de este importante gas que necesitamos para respirar, y con ello extraen de la atmósfera la cantidad correspondiente de dióxido de carbono. Por la noche ocurre exactamente lo contrario: cuando los árboles duermen, siguen respirando, igual que nosotros. Consumen oxígeno y no descomponen ni un gramo de CO_2, sino todo lo contrario. Al transformar el azúcar, las hojas expelen el gas climático, de manera que el aire sano del bosque ya no es tan recomendable en las excursiones nocturnas.

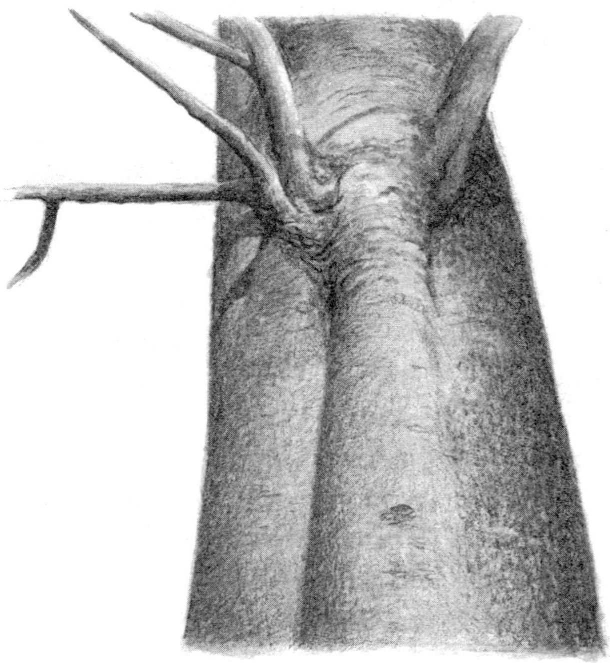

Los surcos en el tronco delatan las ramas «gandulas».

El balance neto entre el día y la noche, a pesar de todo, es positivo, de modo que, a fin de cuentas, queda un superávit de oxígeno de unos cinco kilogramos por árbol (esta cantidad basta para la respiración de cinco personas). El dióxido de carbono extraído para ello de la atmósfera se almacena duraderamente en forma de madera.

Ahora bien, no todas las ramas dedican el mismo esfuerzo a la tarea. Las hay especialmente aplicadas y también algunas que se escaquean. Por lo general, el rendimiento del trabajo aumenta con el diámetro, de modo que es fácil detectar las que más aportan. Sin embargo, entre ellas también están las que engañan, que hacen como si. En muchos casos, son gruesas y por tanto aparentan contribuir en buena medida al desarrollo del árbol, pero en realidad producen cantidades muy pequeñas. De las hojas salen tan pocos azúcares que ni siquiera alcanzan para alimentar la propia rama, por lo que ésta se ve obligada a extraer nutrientes de los tejidos circundantes, en vez de suministrárselos. Con los años se hace visible esta práctica extractivista en el tronco, ya que debajo del holgazán apenas ya queda energía suficiente para generar madera. Sin embargo, puesto que mientras tanto el resto del tronco sigue creciendo como si nada, se forman profundos surcos, que se extienden, partiendo de la rama en cuestión, tronco abajo.

En la mayoría de los casos, el árbol detecta el fraude al cabo de muchos años y destina la rama a la vía muerta, de manera que ésta se seca, cae al suelo y su origen queda cubierto por corteza. No obstante, el surco sigue estando visible durante décadas.

Lo que delatan las ramas solitarias

Con sus ramas, los árboles nos revelan rasgos de su carácter, su disposición a correr riesgos. Las ramas delgadas que salen del tronco por debajo de la copa propiamente dicha son en principio un tabú para todas las especies (tanto frondosas como coníferas). De acuerdo con el código de comportamiento arbóreo, encima de un tronco liso y bien formado ha de asentarse una copa regular, situada en lo más alto. El porqué de esto se deduce de una observación de la selva virgen, donde los árboles adultos educan literalmente a sus descendientes. No lo hacen a base de premios y castigos, desde luego, sino con ayuda de la luz. La escasa proporción de luz solar que penetra hasta el cuarto de los niños al pie del árbol madre no sólo hace que los pequeños no puedan más que crecer muy lentamente. Los cientos de árboles jóvenes que se crían en auténticas escuelas se ven forzados a crecer en línea recta, y cuando uno de ellos piensa que puede hacerse el gracioso y se desvía de la vertical con su tallo principal, recibe un capón despiadado. La penumbra que reina en esta parte del bosque no da para esas payasadas. Los vecinos del torcido le adelantan muy pronto con sus tallos que ascienden rectos, y el pobre que quiso desmarcarse se queda cada vez más a oscuras, hasta que un día pierde el aliento y acaba convertido de nuevo en humus.

La penumbra obliga a los restantes a formar tan sólo pequeñas ramitas laterales y a dedicar toda su energía a crecer hacia arriba. Estas ramas laterales de la parte inferior del tronco se secan a medida que más arriba se forman otras nuevas. Dado su escaso grosor, estas ramas muertas caen al suelo al cabo de pocos años, y los troncos jóvenes cubren la cicatriz con madera fresca, de modo que la superficie vuelve a estar lisa. A lo largo de las décadas se forma de este modo una hermosa columna perfectamente regular. Cuando un día muere el árbol madre y deja libre el camino hacia el cielo soleado, en lo alto de la columna se forma una copa igual de impresionante. Un árbol con todas las de la ley. El sentido de la ascética fase juvenil radica en que sólo si las ramas laterales se mantienen delgadas y mueren delgadas, el árbol tiene la posibilidad de cerrar la cicatriz de forma sana. Si la rama caída deja una herida abierta de cinco centímetros de diámetro o más, los hongos pueden penetrar antes de que el árbol logre cerrarles el paso con nueva corteza. La consecuencia es una putrefacción lenta, pero continua, que primero ahueca el tronco y muchos años después hace que el árbol caiga empujado por efecto de un fuerte vendaval.

Ahora bien, no todos los árboles se atienen al código de buena conducta. Hay ejemplares que intentan una y otra vez formar ramas laterales para hacerse con una mayor porción de luz. Este comportamiento se produce en ocasiones cuando se tala un árbol vecino o éste muere de muerte natural. Algún que otro ejemplar cercano no quiere dejar de aprovechar el espacio que queda libre y la claridad adicional. De las yemas durmientes de la corteza salen nuevas ramas que tratan de captar una ración más de energía. Con los años, estas ramas se vuelven cada vez más gruesas, con lo que aumenta el riesgo de que si un día mueren y caen al suelo, el árbol sufra una infección de hongos. Los árboles más tozudos lo intentan una y otra vez, por mucho que la luz no baste, ni mucho menos, para mantener las ramas en vida. Los continuos chupones que se forman y que mueren al cabo de poco tiempo acaban formando bultos en el tronco, muchos todavía provistos de muñones secos. Estas marcas delatarán a los díscolos durante toda la vida.

El roble forma numerosas ramas laterales cuando escasea la luz.

Los árboles prudentes se abstienen de tales intentos, pero debido a ello reciben menos energía. Pero en ocasiones el comportamiento descrito vale la pena. Si el lugar que ocupa el árbol –sea en el jardín, sea en el bosque– está siempre libre de competidores, la formación de ramas adicionales tiene sus ventajas, ya que mejoran la alimentación y no suponen ningún peligro, puesto que no pueden quedar oscurecidas por otros árboles y siguen creciendo vinculadas al tronco durante toda la vida. Con ayuda de ellas, la copa puede ampliarse posteriormente hacia abajo cuando queda espacio libre. Es, por tanto, una ponderación de riesgos la que acomete cada árbol individualmente a su manera.

Algunos géneros, como el abeto, impiden genéticamente tales derivas por si acaso. La formación posterior de ramas laterales no es una opción, y esto explica por qué esta clase de árboles no sirve para crear setos. Una vez podadas, las ramas no vuelven a crecer.

En algún que otro ejemplar –habitualmente un roble o un haya– con el tronco lleno de bultos, debajo de la copa hay otra zona poblada de ramas gruesas, ya muertas, o de muñones. Esta constelación es siempre un indicio de que en su juventud el árbol se hallaba completamente separado de otros y por eso ya comenzó pronto a formar una copa en la parte baja del tronco. Un caso típico es el de los árboles de dehesa, que crecían dispersos en los pastizales. En verano ofrecían sombra y en otoño los cerdos podían cebarse con los hayucos o las bellotas que caían del árbol.

Con los años, el pastizal fue convirtiéndose poco a poco en bosque, y los nuevos árboles vecinos comenzaron a acosar a los veteranos. Para no morir por falta de luz, los árboles de la dehesa tuvieron que volver a ganar altura, formando una nueva copa una planta más arriba. Las ramas de la copa anterior fueron muriendo, y se ve que los árboles tuvieron dificultades para cubrir los gruesos muñones que quedaron. En parques o jardines se observan fenómenos similares, indicios del proceso descrito, cuando aumenta el número de árboles.

Particularmente en el roble se da otro fenómeno singular. Como especie que tiene una gran necesidad de luz, si otros árboles lo sofocan, pierde rápidamente el aliento. Si nota que los competidores no dejan que su copa capte suficientes rayos de sol y que por tanto su producción de azúcares disminuye peligrosamente, entonces forma las ramas laterales en el tronco de las que ya hemos hablado (*véase* la página 71). Se trata de haces de ramas delgadas y cortas que cubren el tronco de arriba abajo. Es el último intento de captar de alguna manera un poco más de luz. Se trata de una reacción provocada por el pánico, pues esas ramitas cercanas al suelo no reciben, desde luego, suficientes rayos de sol. No es extraño que la mayoría de estos árboles mueran al cabo de pocos años.

Defectos de estructura

Las ramas normales tienen forma de arco: después de salir del tronco ascienden ligeramente y después se desvían elegantemente hacia abajo. Con esta estructura no tienen dificultad para amortiguar el peso de la nieve o las lluvias torrenciales sin que la rama se rompa. Esto es muy importante, sobre todo en los árboles viejos, pues las ramas de los ejemplares adultos pueden medir hasta 12 metros de longitud. A la masa propia de hasta una tonelada hay que añadir enormes efectos de palanca, que en una tempestad pueden alcanzar un múltiplo de su peso.

Claro que existen árboles con defectos de estructura. ¿Por qué no iba a tender hacia arriba la punta de una rama? Es lo que hacen algunos ejemplares: una vez que la rama se ha apartado del tronco, crece primero ligeramente hacia arriba. Describiendo una bonita curva, para luego continuar horizontalmente hacia un lado. Sin embargo, como si el árbol hubiera cambiado de idea, al cabo de años hace que la rama vuelva a virar hacia arriba. Con el tiempo se vuelve más gruesa y larga, y los efectos de palanca son cada vez más fuertes. Llega un día en que la carga es excesiva: puede que sea una nevada, que hace que las ramas del árbol se doblen hacia abajo, o tal vez un fuerte chaparrón. Los árboles con las ramas normales no tienen ningún problema, ya que se inclinan elásticamente hacia el suelo. En cambio, la rama orientada hacia arriba ahora tiene que sufrir: el peso de la nieve o del agua la empuja hacia abajo en contra de su curvatura. Entonces se produce un crujido y una larga grieta a lo largo de las fibras de madera. El árbol no es capaz de curar esta herida, por lo que las ramas extravagantes quedan marcadas de por vida.

Retrato: el chopo

El representante más frecuente de este género es el álamo o chopo temblón *(Populus tremula)*. Debe su nombre a la forma especial de los tallos de las hojas, que están ligeramente retorcidos y por tanto aquellas se agitan con la más leve brisa. Al igual que el abedul, el chopo es un árbol nidífugo que prefiere los espacios abiertos y en muchos casos crece en altura más de un metro al año, por lo que se agota con relativa rapidez. Su esperanza de vida no suele ser de más de 100 años. En nuestras latitudes, el chopo temblón todavía puede considerarse de raza pura, una cualidad que la mayoría de chopos negros *(Populus nigra)* ya no poseen. Éstos son normalmente fruto del cruce con el chopo negro canadiense, que se importó en su tiempo y llevó la especie autóctona al borde de la extinción.

El chopo negro crece normalmente en la orilla de los ríos y destaca por su penetrante olor a humedal. Además, en esta variedad ocurre a menudo que se rompen grandes ramas de la copa, que caen con estruendo al suelo, por lo que no son recomendables para el jardín de casa.

La corteza

Una pregunta capciosa que les gusta formular a los agentes forestales dice: si grabo con el cuchillo un símbolo en la corteza de un árbol, ¿a qué altura se hallará dentro de *x* años? Está claro que la señal ya no varía su altura, no se desplaza hacia arriba a lo largo del tronco, puesto que el árbol sólo crece en lo más alto, por las puntas de las ramas. El cambio que se produce abajo consiste únicamente en un ensanchamiento, concretamente en la medida en que el tronco gana grosor.

La piel exterior es el espejo del alma del árbol. Mientras que las hojas reflejan en el mejor de los casos el estado de su portador durante varios años, las marcas de la corteza se conservan de por vida. De este modo, con el tiempo se convierten en un verdadero libro de historia. Veamos el primer capítulo.

Claro como el agua

Entre la corteza marrón y la madera se halla una capa transparente: el cámbium. Es muy delgado y tan tierno que parece que se quite importancia, ya que en realidad es el motor del crecimiento del tronco. Hacia dentro segrega células leñosas, hacia fuera células de la corteza.

Aparte de esto, esta capa une la corteza y la madera para que formen un conjunto.

Cuando un árbol sufre una herida que deja a la vista el cuerpo de madera desnudo, quiere decir que el cámbium está dañado. Y puesto que con ello también queda alterada localmente la formación de madera, la curación de la herida da lugar a una cicatriz. Mientras que la madera sigue creciendo en los espacios vecinos incólumes, con lo que el tronco continúa engrosando, en el lugar de la herida se observa de momento un parón. El árbol intenta zurcir lo antes posible el agujero del cámbium, cosa que según el tamaño de la herida puede durar años. Para que el tejido normal no gane demasiada ventaja, el árbol se da prisa, de manera que el tejido de curación avanza con especial rapidez. Una vez cerrada la herida, el trazado de las fibras en esta zona resulta irregular. Los pequeños bultos y protuberancias que cubren ahora la lesión permanecerán de por vida en forma de cicatrices en la corteza.

Lesiones de la corteza se producen con especial frecuencia en el llamado período vegetativo, en el que el árbol está lleno de agua. Alrededor de la mitad de su masa total consiste durante el verano en este fresco líquido elemento. También el cámbium está impregnado en esta época y por tanto es muy resbaladizo. De ahí que las cargas mecánicas externas, provocadas por mordeduras de animales o golpes de las ramas de árboles vecinos, hagan que se suelte la corteza, que se desprende fácilmente del cámbium mojado. La mayoría de lesiones se producen, por tanto, durante el período vegetativo.

El líber

El cámbium produce madera hacia dentro y corteza hacia fuera. Del mismo modo que los anillos anuales más recientes siguen vivos, las capas de corteza recién creadas también continúan activas. Mientras que por la madera fluye agua hacia la copa, por la corteza pasa un flujo inverso, hacia las raíces, compuesto de azúcares y otras golosinas. La capa viva de la corteza, contigua al cámbium, se denomina líber.

El árbol no necesita conductos para abastecer la copa de azúcares, porque la energía que necesitan las hojas o acículas las producen ellas mismas en gran cantidad. Las raíces, en cambio, que trabajan en el sótano por el bien común del conjunto, dependen de las amorosas donaciones de arriba. Y no sólo ellas, sino también los filamentos fúngicos que rodean las raicillas y reciben su dosis de gratitud.

El hecho de que esto funciona así se ve claramente con el corte en redondo. Se trata del método más brutal para acabar con un árbol. Consiste en extraer la corteza alrededor de todo el tronco en un tramo de diez centímetros como mínimo. Los árboles sensibles mueren entonces rápidamente. Las especies robustas, en cambio, como el haya o el carpe, luchan durante años contra su destino. El corte en redondo no interrumpe el suministro de agua, que pasa por dentro de los anillos anuales exteriores. Las hojas en la copa siguen recibiendo agua y producen azúcares, de manera que no les falta nada. La peor parte se la llevan las raíces y los hongos, que dejan de recibir nutrientes y por tanto mueren poco a poco de inanición. Esta muerte lenta puede extenderse durante cinco o más años, una verdadera tortura para el árbol afectado. Éste intenta desesperadamente aprovechar el tiempo que le queda. El nuevo tejido de cámbium avanza formando dedos sobre la madera

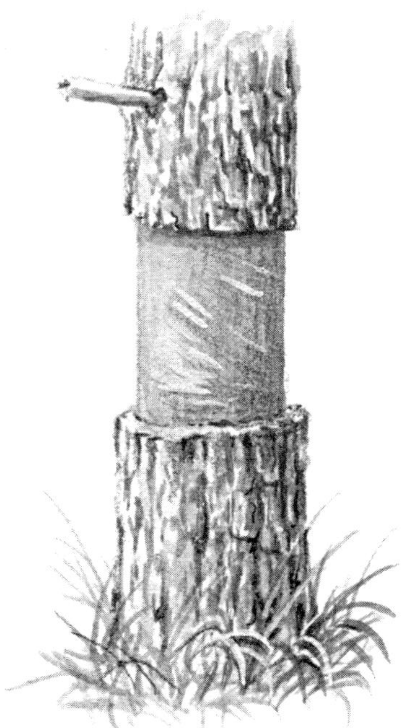

Los árboles mueren si se les quita un tramo de su corteza.

desnuda y trata de puentear el tramo pelado. Yo he visto hayas que en un sólo verano han superado cortes anulares de 30 centímetros, gracias a lo cual han sobrevivido. Porque una vez restablecido el contacto a través de un delgado puente, el árbol maltratado hace todo lo posible por ensanchar esta comunicación y volver a la normalidad.

Además de su función de abastecimiento, el líber también sirve de almacén. Al fin y al cabo, en alguna parte hay que guardar las reservas para la siguiente primavera, cuando en mayo haya que dedicar toda la energía a los nuevos brotes y las nuevas hojas. El tiempo que va de primavera a la caída de las hojas en otoño se aprovecha para acumular azúcares y proteínas en el líber. Y esta dulce despensa atrae a numerosos herbívoros, aunque el árbol no se lo pone nada fácil. Porque al igual que los caballeros medievales, se dota por fuera de una armadura que cuesta mucho penetrar: la corteza.

La armadura

La parte que vemos de la corteza no es más que su superficie. Determina la imagen propia de cada árbol, y cambia de un género a otro. Básicamente se compone de tejido muerto del líber, que se forma continuamente, desde el interior, por obra del cámbium, y que en un momento dado se vuelve obsoleto. Se desplaza paulatinamente hacia fuera, y en este proceso se agrieta y genera de este modo una epidermis más o menos rugosa. En función de su estabilidad, permanece durante años o decenios pegada al tronco, siendo su grosor proporcional a la edad: cuanto más gruesa, tanto más vieja es esta materia parecida al corcho.

La corteza cumple funciones similares a las de nuestra piel. Evita la pérdida de humedad y forma una barrera infranqueable frente a las infecciones por hongos, bacterias o insectos. También es capaz de amortiguar ataques mecánicos: si por ejemplo un árbol vecino cae al suelo durante una tempestad y roza el tronco, la corteza, que suele tener un grosor de uno a cinco centímetros, es capaz de parar lo peor del golpe.

En algunos árboles, la corteza exterior desempeña otra función adicional. Por ejemplo, la de la secuoya, cuyo blindaje es muy grueso, pero sorprendentemente blando. Si uno descubre un ejemplar de éstos durante un paseo, puede hincar tranquilamente el dedo en la corteza, y no pasa nada. La función de esta estructura suelta y de hasta 50 centímetros de grosor consiste en la protección contra el fuego. En caso de incendio forestal, no siempre arden los árboles, sino que a menudo tan sólo lo hacen las ramas secas y otras partes muertas de las plantas. Muchos incendios de matorral atraviesan el bosque en cuestión de horas y luego se extinguen. La secuoya es capaz de sobrevivir a esta prueba gracias a su corteza gruesa, que no es fácilmente inflamable, ya que las fibras blandas aíslan el tronco y sobre todo el cámbium, protegiéndolo del calor. De paso, el fuego elimina los géneros de árboles más sensibles, como las douglasias. Después de un incendio, las secuoyas pueden seguir creciendo, ya libres de toda competencia, y además aprovechan los nutrientes de las cenizas.

También sus piñas se mantienen cerradas durante veinte años para abrirse después de un incendio, por efecto del calor, y desplegar sus semillas sobre el suelo recién barrido del bosque.

En cambio, nuestras especies de árboles autóctonos no son capaces de resistir un incendio. Su corteza es demasiado delgada, de modo que el cámbium sucumbiría rápidamente. Claro que para estas especies no tiene sentido tomar precauciones contra el fuego, ya que en los bosques centroeuropeos por naturaleza no se producen nunca incendios. Quienquiera que intente quemar una rama verde de haya o roble verá que es misión imposible. Y las hojas, las ramas y los troncos en proceso de putrefacción en el suelo del bosque están siempre tan húmedas, en nuestra latitud, que tampoco arden.

El fuego sólo tiene posibilidades en los monocultivos plantados de coníferas, pues estos árboles están repletos de aceites etéricos y resinas. También es cierto que en esta región nunca ha habido piceas y abetos en estado natural. Por tanto, si alguna vez nos llega la noticia de un incendio forestal en Centroeuropa, podemos estar seguros de que se trata de una plantación artificial.

Cicatrices de ramas muertas

La energía que reciben los árboles viene del sol. Y éste, como es obvio, brilla desde arriba. Cuando el árbol crece hacia arriba y extiende las ramas de la copa, debajo de éstas aumenta la sombra. Llega un momento en que la penumbra es tal que las ramas más bajas, que son las más antiguas, ya no reciben luz suficiente. Mueren por resultar ya inútiles. Las ramas muertas son tejido inerte, y en éste, el árbol no puede reaccionar. Esto conviene a determinados hongos, que se alimentan de azúcares y celulosa. Colonizan la rama sin vida y se desplazan dentro de ella en dirección al tronco. Para el árbol esto es un peligro, pues en su interior tiene una zona problemática. Únicamente los anillos anuales exteriores están vivos, pues en ellos se transporta agua. Esta parte, llamada albura, siempre está mojada, demasiado mojada para los hongos.

La parte interior, llamada duramen, ha pasado a mejor vida, es decir, ya no cumple ninguna función; a lo sumo, ayuda a incrementar un poco la estabilidad. Cada año se añade por fuera un nuevo anillo, y por dentro deja de funcionar otro. Por tanto, la zona del duramen crece con la edad del árbol.

Puesto que el árbol ya no puede controlar nada activamente en esta parte del tronco, antes de darla por muerta hace todo lo posible por impedir que nadie acceda a su interior. Obtura las comunicaciones entre célula y célula y despliega, según la especie, un agente de impregnación.

En el roble, el alerce, el abeto o la douglasia, este agente está coloreado, de manera que el duramen se diferencia de la albura por su color más oscuro.

Sin embargo, existen hongos que se saltan a la torera la protección de la madera. Se desplazan por las ramas hasta penetrar en el tronco, donde se inicia la gran comilona. El aire que precisan lo obtienen a través del muñón de la rama, que funciona como un esnórquel. Para impedirlo, el árbol cubre el muñón de la rama y cierra la herida con tejido vivo y nueva corteza. Claro que esto sólo lo consigue al ritmo del aumento de los anillos anuales, es decir, a razón de pocos milímetros al año.

Cuando se cae una rama. Comienza una carrera entre el árbol y el hongo. Si el árbol consigue cerrar la herida dejada por la rama antes de que el hongo haya alcanzado el duramen, puede aportar de nuevo agua a la zona afectada, con lo que bloquea la llegada de aire y elimina de este modo el hongo. En cambio, si el hongo es más rápido, emprende su labor destructiva en el interior del tronco.

Una regla empírica dice que el árbol gana cuando la herida dejada por la rama tiene un diámetro de cinco centímetros como máximo. Si el diámetro es mayor, vence el hongo.

En los árboles que crecen en condiciones naturales, pocas veces se alcanzan esos cinco centímetros. Durante la juventud, cuando la prole espera bajo el árbol madre, la luz es tan escasa que apenas pueden formarse ramas más gruesas. Cuando los adultos se despiden de este mundo, uno de los jóvenes crece rápidamente hasta alcanzar la capa superior, donde despliega una inmensa copa. Ésta dura muchos años, en ella no mueren ramas gruesas. En cambio, las delgadas ramas del período juvenil se dejan caer y sus heridas se cubren rápidamente y sin problemas.

Lo mismo ocurre con los llamados nidífugos. Puesto que nadie los frena, forman una gran copa desde sus años jóvenes. Si no hay competencia, todas las ramas gruesas sobreviven durante mucho tiempo.

Sin embargo, la vida de un árbol no siempre discurre según lo programado, y la evolución real se puede deducir de la corteza.

En el caso normal, es decir, el de las delgadas ramas de la juventud, que no suponen ningún problema, éstas se desprenden directamente del tronco. Cuando mueren, los hongos debilitan su estructura leñosa, y el efecto palanca, que alcanza su punto máximo en el lugar de arranque en el tronco, hace que un simple golpe de viento (o un pájaro que se siente en la punta) arranque la rama de cuajo.

Las heridas cubiertas de ramas caídas dejan unas cicatrices características en la corteza. Para familiarizarse con los distintos dibujos, recomiendo examinar primero alguna especie de corteza lisa, como un haya, porque en ellas se ve todo con mayor claridad.

La mayoría de las ramas laterales crecen de forma ligeramente ascendente. Cuando el tronco engorda, la corteza se desplaza por encima de la rama y más arriba de ésta presenta una especie de sutura, que aparece con un tono un poco más oscuro. Debido al aumento de grosor del tronco, esta sutura se separa cada vez más en los bordes, de manera que adquiere el aspecto de un fino bigote. Al mismo tiempo, la zona de sutura se desplaza lentamente hacia arriba, y ello con tanta mayor rapidez cuanto más apunte hacia arriba la rama. Este fenómeno se conoce por el nombre ilustrativo de «bigote chino». Cuanto más ascienda la rama, tanto más marcados resultan la sutura y el bigote. Cuanto más gruesa sea la rama, es decir, cuanto más tiempo haya estado creciendo en el árbol, tanto más durará asimismo la fase de sutura de la corteza. El tronco que aumenta en grosor la empuja hacia arriba junto con la rama ascendente. Para explicarlo de forma gráfica, la rama que apunta hacia arriba es como una embarcación que genera una ola de proa a cámara extremadamente lenta. Y al igual que en un mar sereno, esa ola sigue visible cuando la embarcación ya ha desaparecido detrás del horizonte.

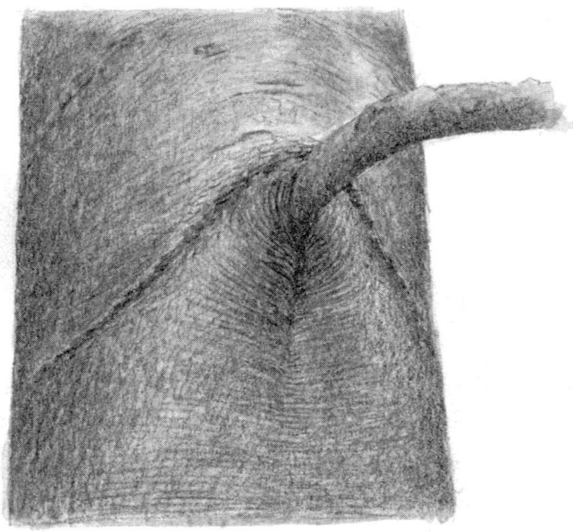

Encima de la rama lateral se produce una sutura de la corteza formándose el llamado «bigote chino».

Llega un día en que la rama se desprende y cae al suelo; comienza el recubrimiento del espacio que deja al descubierto. La sutura se mantiene, pero ahora ya no se refuerza, ya que la corteza se cierra sobre la herida y vuelve a alisarse. A medida que el tronco aumenta de grosor, la vieja sutura se estira cada vez más, el ángulo del bigote es cada vez más obtuso, hasta que al cabo de unos decenios no parece más que una raya. El grosor de la línea indica el grado de inclinación con que la antigua rama salía del tronco apuntando hacia arriba; el ángulo del bigote permite deducir de forma aproximada el año en que cayó la rama.

Es más precisa la información que aporta la cicatriz propiamente dicha en el punto de arranque de la rama. Ésta se halla justo debajo del centro del bigote y, una vez cubierta la herida, tiene de momento forma redonda. El diámetro de esta cicatriz es el doble de grande que el diámetro de la rama, ya que el punto de arranque de ésta, o sea, la transición al tronco, se ensancha en forma de trompeta y también queda reflejada. Puesto que un árbol sólo crece hacia arriba en el tallo más elevado, abajo en el tronco no cambia nada de altura. Tanto si se trata de un juramento de amor como de un indicador de dirección grabados a cuchillo en la corteza, éstos no se desplazan hacia arriba. Lo mismo ocurre con la cicatriz de la rama caída, que, con el tiempo, a medida que engorda el tronco, solamente se ensancha, igual que el bigote chino.

De este modo, es posible determinar el diámetro de la rama caída en un árbol viejo: equivale más o menos a la mitad de la altura de la cicatriz. Su profundidad de penetración en la madera se ve por la altura del bigote chino. Hay que medir la distancia entre cada uno de sus extremos y el vértice: si la diferencia es de más de 30 centímetros, significa que la cicatrización se ha producido hace poco tiempo, por lo que sólo se han formado unos pocos anillos anuales encima del muñón de la rama caída. Si la diferencia es de menos de cinco centímetros, quiere decir que el extremo de la rama se halla bien protegido bajo una capa de madera de más de 15 centímetros de grosor.

Claro que esto sólo es válido en el caso de las especies frondosas, que en general hacen que sus ramas laterales crezcan primero con cierta inclinación hacia arriba, antes de que con los años, y debido a la creciente longitud y peso, se doblen hacia abajo. No todos los árboles revelan tan abiertamente sus secretos relativos a las ramas como las hayas. En el roble, el abedul y otros géneros con una corteza llena de surcos hay que observar muy de cerca para detectar los antiguos puntos de arranque de las ramas. Dado que su epidermis tiene escamas, las cicatrices tienen aspecto de flores.

En las coníferas, esto no está tan claro, dado que la mayoría de ramas se alejan del tronco en sentido horizontal y por tanto no generan bigotes. Pero al menos, la cicatriz está igual de bien formada que en las frondosas.

La importancia práctica de semejante investigación histórica reside en el pronóstico sobre el grado de peligro que corre el objeto del estudio a causa de los agentes de putrefacción. Recordemos que el límite en la carrera entre el hongo y el árbol se alcanza con los cinco centímetros de grosor de la rama. Todo es relativo, incluso entre los árboles. Un único muñón de una rama grande trae menos problemas que toda una serie. Las dificultades que ha de superar un árbol con muchas obras de reparación se ve en los ejemplares cuya corteza está llena de bultos. En estos casos, el tronco por lo visto no consigue ni siquiera después de años tornarse de nuevo liso y sin tacha, y los muñones, aunque estén cubiertos, se resisten a desaparecer en la profundidad.

Muchas ramas gruesas muertas suponen un riesgo, y ningún árbol provoca esta situación a propósito. ¿Por qué ocurre una y otra vez a pesar de todo? El punto de partida es una situación ideal: llega un día en que el árbol recibe luz, mucha luz, sea porque por fin ha logrado llegar arriba del todo, a la misma altura que los ejemplares que lo rodean, de manera que ninguno proyecta ya su sombra sobre él, sea porque de entrada ya se supo hacer un sitio al sol, un lugar en que nadie le molesta. Puede que se encuentre en el linde del bosque y pueda extenderse hacia el prado. Construye cómodamente su copa y se vuelve cada vez más grueso. Sea como fuere, no cuenta con la posibilidad de que un día pueda volver a faltarle luz. El caso es que los competidores, a veces de la misma especie, pero a menudo de otras distintas, tratan de ganar altura sobrepasándolo. No importa si se trata de árboles plantados o que crecen espontáneamente, tan pronto éstos echan raíces, comienza una carrera por la luz. Si nuestro árbol no quiere morir de hambre, no tiene más remedio que arremangarse y volver a crecer. Debido a los competidores, aunque también a las propias ramas y hojas, llega cada vez menos luz a la parte inferior, de modo que al final las hermosas ramas gruesas se secan y mueren.

Los grandes bultos en el tronco son siempre una señal de que el árbol se ha visto obligado a desplazar su copa hacia arriba. Viejos robles que en su momento se plantaron en los prados para alimentar a los cerdos y ahora han quedado inmersos en los nuevos bosques son los mejores ejemplos de esos compadres chepudos.

Añadiré un consejo práctico para quienes utilizan estufa de leña: para partir los tacos con el hacha, es recomendable colocarlos tal como se hallaban en el tronco, es decir, el lado superior arriba y el inferior, abajo. La regla coloquial de los leñadores dice: la madera se raja como el ave caga (a saber, de arriba abajo). Y las cicatrices de las ramas muertas nos indican cuál era el lado superior. La comparación con las olas de proa de una embarcación nos servirá de nuevo para ilustrar la cuestión: el lado superior es aquél al que apunta la ola/punta del bigote chino.

Anillo de entronque

Para cubrir el hueco dejado por una rama muerta, los árboles disponen de los miembros adecuados: los anillos de entronque. Éstos se hallan en la transición entre rama y tronco y pueden compararse con la boca de una trompeta. A menudo, la corteza del anillo tiene pliegues, pero a veces se observa un cordón perfectamente formado. Este tejido es capaz de tapar el muñón de una rama con especial rapidez. Además constituye un muro contra los hongos y les impide acceder al interior del tronco. Por eso es muy importante para el árbol que este anillo no sufra ningún daño.

Cuando se muere una rama, este punto de arranque permanece siempre vivo y reanuda de inmediato su labor. Una vez que ha concluido la obra y que el resto de la rama ha desaparecido en el tronco, el anillo se aplana con los años y se sumerge asimismo en la madera que se forma año tras año.

Cuando la copa crece hacia arriba y por debajo hay ramas gruesas que se quedan a oscuras, el árbol también puede optar por deshacerse de ellas y dejarlas secar. Estos procesos se ponen de manifiesto en el llamado collarín de despedida. Se trata de un anillo de entronque especialmente grueso y largo, que en muchos casos sobresale hasta diez centímetros del tronco. En el extremo de este cuello, el árbol forma un canto agudo hacia la rama, para que ésta pueda romperse en este punto. Gracias a la longitud del anillo, el árbol tiene más posibilidades de cerrar la herida con rapidez, ya que la cicatrización se produce a diez centímetros de distancia del tronco, que es el que hay que proteger. Con ayuda del collarín de despedida se mantienen a distancia los hongos.

En los árboles de jardín suelen podarse las ramas a ras del tronco. Con ello, lamentablemente, se dañan los anillos de entronque y los collarines de despedida, que sobresalen de la corteza. Las heridas abiertas se ven invadidas en cuestión de minutos por esporas traídas por el viento. Al faltar el tejido barrera de los anillos, los hongos pueden penetrar sin dificultad en el interior del tronco, mientras el árbol se esfuerza en vano por proteger estas zonas.

Por eso hay que prever que una herida de este tipo provocará a la corta o a la larga una grave podredumbre, lo que no sólo es un problema para el árbol. Al cabo de muchos años, cuando ya nadie se acuerde de aquella poda, el pobre árbol, podrido por dentro y hueco como el tubo de una chimenea, se derrumbará.

Si hace falta podar una rama del árbol del jardín, conviene asegurarse siempre de no dañar el anillo de entronque (*véase* al respecto también la página 164).

Otras cicatrices

Las ramas son las principales causantes de secuelas en la corteza. En cada metro que gana el árbol en altura crea varias ramificaciones que más adelante fenecen y dejan su huella imborrable en la epidermis del tronco. Pero además existe toda una serie de otros fenómenos que producen marcas similares.

Una corteza dañada o la presencia de cicatrices a varios metros de altura, en forma de tiras paralelas, permiten deducir que la lesión se produjo debido a la caída de un árbol vecino. Al talar un árbol, la copa de éste choca a menudo contra el otro más cercano, con lo que se rompen las ramas. Las puntas rotas están afiladas como cuchillos, que al caer el ejemplar talado rajan la corteza del vecino.

Las cicatrices en forma de manchas que aparecen en un lado del tronco y que cubren la superficie como si fueran pecas, son indicio de que se produjo algún acontecimiento súbito en ese lado del árbol. Las marcas de cinco a diez centímetros de diámetro, casi siempre redondas, se deben en los árboles de más de cien años de edad a daños producidos por fragmentos de bombas. La única otra causa que cabe imaginar son las llamadas zanjadoras. Son máquinas que cavan zanjas a lo largo de los caminos recogiendo tierra y piedras y catapultándolas hacia los lados a la naturaleza. Al chocar contra los árboles, ese material daña el cámbium y provoca asimismo las cicatrices descritas.

Si se observan marcas similares en el lado superior de las ramas, podemos deducir que la causante es la propia naturaleza. El pedrisco, con piezas de varios centímetros de grosor, no sólo daña la chapa de nuestros automóviles, sino que también provoca graves lesiones en la delgada corteza de las ramas de los árboles, que una vez curadas dejan cicatrices circulares.

Una serie de cicatrices muy seguidas, ligeramente ascendentes o descendentes, de medio a un centímetro de diámetro en árboles jóvenes o ramas gruesas, centra las sospechas en los pájaros carpinteros. Estos ataques afectan especialmente a las especies de arce, aunque también a otras frondosas. La causa nos recuerda a las historias sobre vampiros: los orificios cavados a picotazos hasta el duramen permiten a las aves saciarse con los jugos que fluyen con fuerza en la primavera. Por lo general, esta acción no supone un gran problema para el árbol afectado, y en otoño ya se habrán subsanado los daños. Si se produce una infección por hongos, es posible que se produzcan una serie de excrecencias que más tarde ya no pueden atribuirse claramente a los pájaros carpinteros.

Arrugas

Existen distintos tipos de cortezas entre las diversas especies de árboles. Algunas ya muestran profundas arrugas en la juventud, mientras que otras son incluso en edad avanzada tan lisas como el pompis de un bebé.

Sin embargo, la formación de arrugas no tiene nada que ver con la preocupación o la angustia. Cuando un tronco crece a lo ancho, la piel le queda estrecha, y por eso se rompe en las zonas exteriores, donde ya está muerta. Puesto que durante el proceso de crecimiento se suman continuamente desde dentro nuevas células de líber, las grietas se vuelven cada vez más profundas a medida que se ensancha la corteza. Esta última tampoco dura eternamente, sino que con el tiempo se desprende de las capas exteriores, a veces también por obra de insectos que se dan el festín con los restos del antiguo tejido conductor de savia. Las arrugas más pronunciadas se hallan, naturalmente, en la parte inferior del tronco, que es tanto la parte más antigua como la más gruesa del árbol.

En principio, a partir de una determinada profundidad de las grietas, la exfoliación exterior y la aportación de nuevas células desde el interior se mantienen el equilibrio. Es fácil comprobar si esto ocurre realmente: si las hendiduras miden más de cinco centímetros de profundidad, quiere decir que la corteza gana más que pierde. Si las grietas son más planas, en los árboles viejos ocurre justo lo contrario. De todos modos, la corteza no puede reducirse hasta que asome la madera desnuda; el límite inferior lo representa el tejido vivo de la corteza, que siempre permanece intacto, a menos que el árbol esté enfermo.

En algunos árboles, la corteza ya muestra profundas arrugas desde la juventud.

La secuoya es un buen ejemplo de corteza especialmente gruesa y por tanto con arrugas muy profundas. La douglasia también puede formar, en la vejez, arrugas muy pronunciadas. En cambio, los abetos y los robles mantienen el equilibrio: en profundidad no alcanzan más de tres o cinco centímetros, salvo algunas excepciones.

A diferencia de ellos, el haya apenas muestra grietas hasta la edad de 160 años. Su corteza se exfolia con tanta rapidez que en total sólo llega a tener un centímetro de grosor, con lo que permanece bien lisa. Solamente los ejemplares que acumulan muchos años adquieren una piel más gruesa y las arrugas que le son propias.

Las hendiduras de la corteza tienen una importancia particular para el mundo animal. Un ejemplo ilustrativo es el pico mediano, un ave que para buscar alimento necesita madera muerta y grandes árboles. Pero lo que más necesita es una corteza rugosa, pues de lo contrario no puede sujetarse del tronco. Los ornitólogos siempre han pensado que era típico de los robledales, pues apenas se le veía en los hayedos, pero esto es un craso error. Porque la ausencia de esta ave colorida en los hayedos se debe a la silvicultura, que tala los troncos de color gris plateado antes de que las hayas alcancen los 160 años de edad. Es a esta edad cuando se forma en el interior un núcleo de color rojizo, que puede ser el precursor de una podredumbre subsiguiente. Para evitarlo, estos árboles se talan cuando alcanzan la edad indicada, pero hasta entonces los troncos permanecen completamente lisos.

Si se las deja, las hayas pueden vivir 400 años. La formación de arrugas no comienza hasta poco antes del ecuador de la vida. Y puesto que en los bosques vírgenes de hayas siempre se encuentran suficientes ejemplares de edad madura, los picos medianos pueden moverse perfectamente arriba y abajo sobre diversos troncos.

Actualmente, se clasifica esta ave como especie propia de los hayedos vírgenes, que en nuestro sistema silvícola sólo se desplaza por necesidad a especies que, como el roble, ofrecen desde jóvenes una corteza rugosa. Es hoy en día un indicador del grado de naturalidad de un bosque, donde los árboles jubilados pueden vivir sin problemas las últimas décadas de su vida.

Barbas

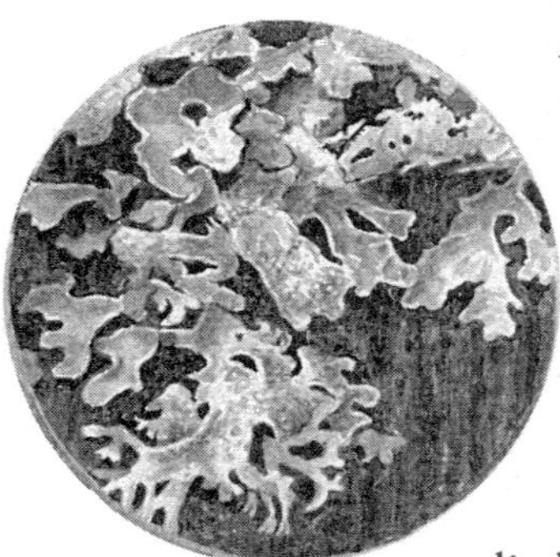

A menudo me preguntan si un determinado árbol está enfermo porque muestra unas extrañas manchas en la corteza. Mi respuesta siempre tranquiliza a los presentes: la causa son los líquenes que se han instalado en la superficie del tronco.

Los líquenes son hongos que se han aliado con algas. Llevan una vida dura y austera: el único líquido que absorben es el de la lluvia y la niebla, pues carecen de raíces.

Los minerales que precisan los obtienen del polvo del aire que los rodea. En los períodos de sequía, los líquenes pierden casi toda el agua y permanecen inactivos, como momificados, hasta el siguiente chaparrón.

No es extraño que a menudo no crezcan más que unos milímetros al año. A cambio, sin embargo, pueden llegar a muy viejos; en muchos casos mueren junto con el árbol.

Los musgos también son okupas inofensivos. Piedra o tronco, lo único que necesitan es una base sólida para establecerse. Hay que decir que prefieren los troncos especialmente gruesos, pues algunas especies de árboles, como el haya, canalizan raudales de agua de lluvia tronco abajo hasta las raíces; durante el descenso, el musgo capta una parte minúscula del agua para cubrir sus propias necesidades. Por eso puebla siempre el lado más húmedo del tronco.

La costumbre de orientarse en el bosque en función del lado de los troncos ocupado por el musgo sólo permite acertar en los árboles que crecen absolutamente solos, puesto que en nuestras latitudes las borrascas suelen venir del oeste, el viento hace que la lluvia caiga sobre el tronco principalmente desde esta dirección, regando de este modo el musgo que la está esperando y que por tanto se desarrolla mucho mejor en este lado del tronco. Sin embargo, si el jardín está protegido contra el viento o si hay muchos árboles juntos, como en el bosque, la dirección desde la que sopla el viento carece de importancia. En este caso, el factor decisivo es la curvatura del tronco. Muchos árboles están ligeramente arqueados y el agua que fluye hacia abajo sigue la inflexión. Mientras que en el lado interior de la curva cae goteando, en el lado exterior sigue fluyendo hasta la raíz. Por esto, en los troncos acodados el musgo se asienta en el lado exterior de la curvatura. La antigua costumbre de los excursionistas no serviría en modo alguno, en estos casos, para orientarse correctamente.

Lágrimas

La mayoría de las coníferas tienen una especie de antiséptico para tapar las heridas: la resina. Ésta les permite cubrir herméticamente, en cuestión de segundos, las heridas pequeñas, y además contiene ingredientes antibacterianos. Con este fin, en la madera, en la corteza y en las acículas existen unos canales de resina en los que el árbol guarda siempre una reserva suficiente.

La resina es la tirita de las coníferas.

Si en un vendaval el tronco se tuerce con fuerza, es posible que se formen grietas en la madera (*véase* el capítulo «El tronco», en la página 47). Estas grietas se impregnan de inmediato de resina y se reparan. Si talan el árbol en cuestión y cortan el tronco en tableros que se venden en un mercado de materiales de construcción, las partes impregnadas de resina dificultan el tratamiento posterior. Así, no absorben la pintura, y cuando hace calor se licúan, dejando caer gotas pegajosas de los tableros.

Con la tirita líquida no sólo se rellenan grietas, sino que la sustancia transparente sirve principalmente para repeler los bostrigos. Tan pronto como estos hambrientos animalillos penetran en la corteza, un árbol sano responde ofreciéndoles una copa de bienvenida que resulta mortal: el insecto queda inmovilizado y fenece. La presencia de muchas gotas de resina en la superficie del tronco indica siempre que hubo un ataque. Si los atacantes son insectos, las gotitas brillantes, que cubren el tronco como si fueran lágrimas, significan que el árbol es perfectamente capaz de repeler la invasión.

¿Por qué sólo las coníferas disponen de este remedio multiuso? Es posible que la creación de reservas de resina tenga que ver con la zona de origen de las piceas y los abetos: el frío norte. Porque tan pronto se acaba el largo invierno y suben las temperaturas, el mundo animal despierta súbitamente de su letargo. Y entre sus miembros están los bostrigos, que se abalanzan sobre los árboles todavía adormecidos. Entonces puede ser vital tener la capacidad de reaccionar de inmediato a pesar de estar todavía despertando de un largo sueño.

Un cuadro similar, aunque con una amenaza mucho mayor, es el que se da cuando la causa de una corteza resinosa es un hongo. El avance de los finos hilos bajo la piel viene acompañado de tejido moribundo, que en la lucha a muerte vacía los canales de resina. Muy pocas veces consigue un árbol vencer al hongo. La mayoría de las veces, tras la salida de resina, las acículas se vuelven amarillas y finalmente caen al suelo: es el fin del árbol.

Las hojas

Un buen médico sabe reconocer el estado de salud de un paciente sin necesidad de un largo interrogatorio; a menudo le basta mirarle a los ojos.

Los ojos de los árboles son las hojas. Son hijas de la luz, creadas para transformar diminutos fotones en grandes troncos. También son los pulmones, que con decenas de miles de respiraderos (¡en cada hoja!) abastecen a los gigantes vegetales de dióxido de carbono durante el día y de oxígeno por la noche. Para que un árbol pueda soportar la carga de estas velas solares, las hojas (y por supuesto las acículas de las coníferas) tienen una estructura muy sofisticada. No sólo son muy ligeras, sino también muy delicadas. No es extraño, por tanto, que el estado y la personalidad de un árbol se reflejen mejor que nada en su parte verde. En los siguientes apartados examinaremos más de cerca los distintos aspectos de las hojas.

De temerarios y cobardicas

Cada año, en otoño, el suelo del bosque se cubre de hojas, cuando las especies frondosas se desprenden de sus velas solares. Ha corrido mucha tinta sobre los motivos de este fenómeno, cuando, de hecho, salta a la vista: se trata de ofrecer el mínimo posible de resistencia a los fuertes vientos de otoño. La eficacia de esta estrategia se puede ver cada invierno en los noticieros. Los árboles tumbados por un vendaval son casi siempre de una especie conífera, en muy pocos casos excepcionales se trata de frondosas. Para no perder con las hojas demasiados nutrientes, y sobre todo nitrógeno, el árbol descompone los compuestos proteicos de las hojas y los traslada a las ramas. Acto seguido, se descompone la clorofila, de manera que los carotenoides, que hasta entonces no eran visibles, tiñen las hojas de color naranja y amarillo. Después se forma una capa de separación y todo el follaje cae al suelo; las ramas quedan desnudas y dejan pasar el viento.

Este proceso se inicia con el acortamiento de los días, combinado con el descenso de las temperaturas. Lo que demuestra, dicho sea de paso, que un árbol puede registrar ambas cosas.

El efecto del frío se observa fácilmente en cualquier árbol de hoja caduca: arriba del todo, donde primero arrecia el frío, las hojas caen muy pronto, mientras que en la parte inferior del tronco suelen permanecer una o dos semanas más.

Esto no sucede simplemente de manera automática, como puede observarse cuando hay varios árboles de la misma especie muy juntos. En uno, las hojas cambian de color a comienzos de octubre, mientras que el otro todavía luce todo su verdor a mediados de ese mes. Las diferencias no se explican por la estructura del suelo ni la disponibilidad de agua, ni por una variación del microclima. Conozco el ejemplo de tres robles que se hallan a una distancia de 30 centímetros entre sí, de manera que de lejos parecen un único árbol. En cambio, en otoño se ve de inmediato que se trata de tres ejemplares diferentes, pues todos ellos se desprenden de su follaje en fechas distintas. En el espacio de un metro cuadrado que ocupan los tres cabe suponer que no hay diferencias con respecto al suelo y al agua y que imperan las mismas condiciones de luminosidad y temperatura.

La diversidad de comportamientos permite extraer otra conclusión, a saber, que cada árbol tiene su propia estrategia de riesgo. El punto de partida lo constituyen los siguientes hechos: el árbol tiene que desprenderse de su fronda antes de hibernar; una vez dormido, ya no puede reaccionar; puesto que la pausa forzosa comienza a más tardar con las primeras heladas nocturnas, éste es el plazo perentorio para la caída de las hojas. Si el árbol no hace caso y las hojas permanecen en las ramas durante el invierno, el riesgo de ser tumbado por el viento en un temporal es mayor. Y ahora llegamos al meollo de la cuestión: ¿cómo sabe el árbol que el termómetro se dispone a caer en picado? La respuesta: lo sabe tan poco como los meteorólogos de la televisión. A veces tenemos un otoño espléndido, con días cálidos, casi veraniegos, hasta finales de octubre. Otros años, a finales de septiembre ya se producen las primeras tormentas, seguidas de un comienzo de noviembre completamente nevado. Pese a todo, creo que los árboles tienen al menos cierto «olfato» para prever si el invierno está al caer o no.

El momento en que un árbol se deshoja o comienza a brotar de nuevo en primavera es una cuestión de carácter.

Pero examinemos las diferencias. El momento en que un árbol comienza a deshojarse es realmente una cuestión de carácter. Los miedosos (o prudentes, según se mire) ya se desprenden del follaje una o dos semanas antes que los demás: ¡nunca se sabe! Claro que esta prudencia se paga con una reducción del tiempo de producción de azúcares; el árbol tendrá que arreglárselas con menos reservas de energía para el invierno. Si enferma en la siguiente primavera, es posible que dichas reservas le falten.

El temerario mantiene las hojas colgando de las ramas el máximo tiempo posible. Cada día de un octubre estival significa para él una ganancia, sigue produciendo azúcares a todo trapo, mientras el cobardica de al lado ya está soñando con la primavera. Si se pasa de rosca, puede que le sorprenda la primera gran helada nocturna que le obligue a echarse a dormir. Sus hojas marrones, que permanecen durante todo el invierno colgadas de las ramas, delatan cuál de los dos ha calculado mal.

El primavera, el proceso es exactamente inverso. Las nuevas hojas tiernas de color verde claro son muy sensibles a las heladas tardías. Si se hiela toda la fronda, el árbol tendrá que dedicar sus últimas reservas a echar nuevos brotes. Los ejemplares prudentes prefieren esperar un poco más hasta que abran tímidamente sus yemas. En cambio, los osados aprovechan ya los días cálidos de abril –como diciendo: «¡Cuidado, que vengo!»– para dar comienzo a la nueva temporada. Entonces ocurre lo mismo que en otoño: si el árbol tempranero acierta, obtiene una porción mayor de energía. Pero si se equivoca, los prudentes le adelantan. Hallar la justa medida, en esto consiste el arte de la vida arbórea.

Dejadez

Antes de ponerse a hibernar, el árbol retira una parte de los nutrientes de las hojas, como ya hemos comentado. Cada especie maneja este proceso a su manera. Está por ejemplo el aliso, que suelta el follaje cuando todavía está verde, sin recuperar los nutrientes. Puede permitírselo, pues en la bodega, es decir, en las raíces, habitan bacterias de las nudosidades que le aportan nitrógeno en cantidades industriales. Otras especies, como el cerezo o el manzano, se desprenden de las hojas tan pronto se vuelven rojas o amarillas. Las hayas y los robles limpian a fondo sus velas solares y no las tiran hasta que estén marrones. Claro que todo esto no es más que una regla general, que como todas, tiene sus excepciones: entre los árboles también hay tipos bastante descuidados. No proceden de forma sistemática, sino que dejan caer un confeti de hojas verdes, amarillas y marrones. A menudo se ven incluso todos los colores en una misma hoja, que en los bordes es marrón, en el centro amarilla y en los nervios y en dirección al tallo todavía está verde. Casi parece que el árbol hubiera perdido la paciencia y hubiera decidido dejar de recuperar ingredientes. Si puede permitirse o no la pérdida de nutrientes que ello comporta se verá en la siguiente primavera.

Incluso entre los árboles que trabajan con esmero sucede que dejan caer hojas que todavía presentan manchas verdes. Estas últimas son indicio de una infección fúngica o bacteriana. Estos pequeños parásitos quieren seguir beneficiándose del frescor jugoso durante algo más de tiempo e impiden que el árbol retire todas las proteínas. La diferencia entre dejadez e infección se reconoce del modo siguiente en las hojas caídas: si la coloración pasa, mirando desde el tallo hacia el borde, de verde a amarillo (o rojo) y luego marrón, quiere decir que el árbol no se ha esmerado. En cambio, si la primera zona –es decir, el tallo y la parte adyacente de la hoja– es marrón y detrás le sigue una zona de color, incluso verde, significa que el árbol no ha podido recuperar todos los nutrientes por culpa de los microorganismos (y por tanto no es responsable de la pérdida).

En años muy propicios, cuando además de mucho sol también ha habido lluvia suficiente, podemos observar determinados árboles que ya echan la persiana a finales de agosto. Su follaje adquiere colores otoñales y el rojo brillante de las hojas indica que se acerca el sueño invernal. Este fenómeno se observa especialmente en algunas especies que se atribuyen a las rosáceas, y sobre todo los cerezos, los ciruelos y los serbales. ¿Acaso estos árboles se equivocan con el calendario? Porque en su entorno los robles, las hayas y los fresnos siguen luciendo su verde subido.

No, no cometen un error, pero mantener la fronda ya no tiene sentido para ellos, porque los depósitos están llenos. Sus tejidos están a reventar de azúcares y proteínas hasta el último rincón; cualquier jornada productiva suplementaria sería redundante. Por esta razón, dichas especies, en años especialmente buenos, ya se despiden antes de tiempo y la caída de sus hojas no es síntoma de una enfermedad, sino un mensaje claro: «Estoy lleno».

Siempreverdes

Con excepción del alerce, las coníferas autóctonas (y la mayoría de las importadas) son de hoja perenne y siguen siendo verdes en otoño. Al menos en gran parte, ya que de vez en cuando toca renovar. Las acículas viejas y dañadas han de cambiarse de tanto en tanto por otras nuevas, lo que sucede simplemente dejando caer aquéllas. Con los brotes jóvenes de la primavera se incorporan las nuevas, de manera que el número de generaciones de acículas se mantiene constante en cada rama; según la especie, son cuatro (picea) o diez (abeto). Los árboles enfermos tienen muchas menos.

Cuando las frondosas se desnudan, las coníferas las imitan y dejan caer asimismo las acículas que les sobran, como si también ellas quisieran contribuir al espectáculo otoñal. Pero ¿por qué conservan las acículas? ¿Acaso no tienen también ellas que prevenirse y ofrecer la menor superficie de ataque a los temporales venideros? Más del 90 % de los árboles tumbados en Centroeuropa por los huracanes son, al fin y al cabo, piceas, pinos o abetos.

La respuesta está en la procedencia. Allí donde el clima es especialmente seco, pero más a menudo donde además es extremadamente frío, estas especies pueden sacar provecho de su comportamiento. Por ejemplo, en la taiga, el cinturón boscoso del norte que se extiende desde Siberia hasta Canadá, pasando por Escandinavia. En estas regiones, la primavera, el verano y el otoño no son a menudo más que breves episodios de pocas semanas de duración. Producir hojas, generar madera y acto seguido desprenderse de las hojas sería una labor demasiado complicada en este corto espacio de tiempo. Si el árbol se mantiene productivo en todo momento, podrá aprovechar algunos días de primavera cálidos, por mucho que vengan seguidos de un nuevo período de heladas. Para no congelarse, las coníferas acumulan un anticongelante (que es el que arde tan bien cuando acercamos una acícula a la llama de una vela). Además están provistas de una gruesa capa protectora contra la evaporación, y por eso las acículas son tan duras en comparación con las hojas. Gracias a estos mecanismos, las coníferas pueden permanecer siempre y colonizan zonas que para muchas frondosas serían problemáticas.

No obstante, el ser humano ha importado este grupo de árboles –por diversos motivos: en interés de la silvicultura, por razones estéticas o para producir árboles de Navidad– en Centroeuropa, que es la patria de las frondosas. Aquí, las condiciones de vida son totalmente distintas. El clima es relativamente cálido y además siempre hay disponible agua suficiente. El período de vegetación ya no es de pocas semanas, sino que abarca unos seis meses, o sea: esto es jauja para los vegetales. Esto no perjudica a las coníferas, ni mucho menos, pues en estas condiciones, que para ellas no son naturales, medran bien. Demasiado bien. Salen disparadas como cohetes hacia arriba, como queriendo atrapar su suerte. Pero como ya dijo Wilhelm Busch, «Qué fatal, fatal, fatal, me imagino el final». Un final que se acerca, desde el punto de vista meramente estadístico, cuando los abetos sobrepasan una altura de 25 metros. Entonces el efecto de palanca de la copa verde es tan grande durante un típico temporal de invierno que ya sólo es cuestión de tiempo hasta que el árbol ceda y caiga estrepitosamente al suelo.

El esplendor verde encierra otro peligro, aunque éste sea menos frecuente. A veces, en primavera la temperatura se vuelve cálida de golpe y porrazo. El árbol se despereza y está de inmediato en condiciones de producir, pues a diferencia de sus colegas frondosos, siempre tiene disponibles sus velas solares. Sin embargo, a veces parece que existen problemas de coordinación. Mientras que arriba en la copa todo es actividad, el espacio de las raíces, en el sótano, donde el suelo está congelado, no está en condiciones de suministrar agua. Las acículas activas succionan, aparentemente sin saberlo, hasta la última gota del tronco, de modo que el árbol al final se seca y muere.

Recogida de basura

Los árboles son seres asombrosos y en parte tienen características que parecen humanas. Respiran, se alimentan de dulces (los azúcares que fabrican sus hojas), conocen la felicidad de la procreación y cultivan amistades. Hasta ahora he dejado de lado un tema muy banal: ¿acaso los árboles no tienen que ir alguna vez «al váter»? Al fin y al cabo, ningún ser vivo de esta Tierra puede comer y beber continuamente sin tener que dar algo de sí en algún momento dado.

El árbol, a base dióxido de carbono y agua, forma glucosa, emitiendo oxígeno como residuo. Sin embargo, esto de por sí todavía no es una respuesta; los humanos también descomponemos nuestros alimentos en su mayor parte en estas materias (CO_2 y agua), para lo que consumimos oxígeno. Pero ¿qué sucede con las sustancias no aprovechables? El ser humano se desprende de ellas a través de la orina y las heces. ¿Alguien ha visto alguna vez a un árbol orinando o defecando? ¡Y tanto! Todo el mundo lo ha visto, puesto que la caída de hojas y acículas en otoño sirve también, aparte de los aspectos ya mencionados, para eliminar las «heces arbóreas». Poco antes de desprenderse de las hojas, el árbol introduce en ellas las materias que ya no precisa, y con el siguiente golpe de viento descienden al suelo.

Y allí abajo espera el servicio de recogida de basuras. Si no existiera, el árbol se ahogaría algún día en sus propios excrementos; además, sin reciclado el suelo se agotaría rápidamente. Es todo un ejército el que se ocupa de la hojarasca en el suelo. Hasta ahora no se conocen todas las especies de organismos que cumplen la tarea, pero el caso es que sin ellos no habría bosques.

Primero se abalanzan isópodos y escarabajos sobre las velas solares desahuciadas y las trituran. También ciertos hongos y bacterias se apuntan al festín. Cuando todo está más descompuesto, se suman lombrices, colémbolos y ácaros. Estos ingieren las montañas casi interminables de hojas, cuya masa por kilómetro cuadrado de bosque asciende a más de 400 toneladas anuales. A éstas se añaden hasta 1100 toneladas de troncos y ramas muertas, así como los cadáveres de animales grandes y pequeños.

Las hojas ingeridas siempre van acompañadas de algo de tierra, de modo que las heces de los diminutos comensales constituyen una mezcla de humus y arcilla. Estas minibolitas, que a simple vista se reconocen como pequeños grumos de tierra, tienen una capacidad máxima de acumulación de agua y absorben los minerales que se liberan.

Los pequeños ayudantes de los árboles también constituyen un factor de peso considerable en el bosque. Mientras que la masa de todos los mamíferos que viven en un kilómetro cuadrado asciende como máximo a tres toneladas, las lombrices por sí solas pesan, en idéntica superficie, alrededor de 20 toneladas.

Un gran número de seres vivos del suelo transforman las hojas en fino humus.

Los científicos calculan que los demás devoradores de hojas, es decir, ácaros, colémbolos, etc., alcanzan la increíble masa de 2000 toneladas por kilómetro cuadrado. La vida animal más rica la encontramos durante un paseo por el bosque, o sea, bajo nuestros pies. Y del mismo modo que en la selva tropical, por nuestros lares tampoco conocemos a todos los bichitos que pululan por ahí. Esto demuestra que el ecosistema del bosque, la interacción entre los árboles y los microorganismos, no se ha investigado hasta hoy suficientemente y mucho menos se ha comprendido.

Sin embargo, el reciclado de las heces de los árboles no es el único servicio que prestan estos duendes del bosque. Así, las lombrices se dividen en 40 especies distintas que habitan en diversas profundidades del suelo. Mientras que unas cavan sus túneles justo debajo de la superficie, otras avanzan hasta unos dos metros de profundidad. «Revisten» las paredes de las galerías con mucosa y excrementos, para luego poder desplazarse rápidamente deslizándose por su interior.

Estos conductos forman un sistema de ventilación subterráneo y de paso suministran oxígeno a las raíces de los árboles. Además, a través de ellos el agua de lluvia puede filtrarse rápidamente al interior del suelo, de manera que el valioso líquido se guarda debajo del árbol y no se pierde en el riachuelo más cercano. Finalmente, las raíces del árbol penetran con más facilidad a través de los conductos de las lombrices, pues se ahorran la difícil labor de perforar el duro suelo.

Si la recogida de basuras funciona bien, las hojas se consumen totalmente en un plazo de tres años, incorporándose al humus del bosque. En éste, los árboles también encuentran unas condiciones óptimas: siempre está húmedo y ofrece suficientes minerales.

La colaboración entre los árboles y los microorganismos es tan buena, que esta comunidad se fabrica ella misma el suelo forestal adecuado en aquellos lugares en que se producen suficientes precipitaciones.

Si tenemos árboles en el jardín, les haremos un favor (que redundará también en nuestro provecho) si dejamos las hojas caídas alrededor del tronco para gozo de sus cooperantes.

Limpieza

Ahora quisiera volver a hablar de las ramas, puesto que el vertido de residuos no se agota con el reciclado de las hojas. Las ramas se mueren cuando dejan de recibir luz suficiente y por tanto ya no son útiles. A pesar de ello, de momento se mantienen en el árbol porque en este caso este no puede formar una capa de separación (a diferencia de lo que sucede con las hojas y acículas superfluas). Ya hemos hablado de la competencia entre el árbol y los hongos, y de que aquél hace todo lo posible por cubrir lo antes posible el muñón de la rama. Sin embargo, a esto hay que añadir un detalle importante: antes que nada, la rama muerta tiene que caer al suelo, pues de lo contrario el árbol, por mucho que se esfuerce, nunca logrará cubrir de madera la herida. Supongamos que la rama tuviera tres metros de longitud, en cuyo caso el tronco tendría que aumentar tres metros de radio para alcanzar la punta de la rama y tapar el lugar con corteza nueva. Tres metros de radio, seis de diámetro, tan gruesos no llegan a ser nunca los árboles en nuestras latitudes. Y aunque pudieran, hasta concluir este proceso necesitarían muchos siglos de crecimiento, con lo que queda claro quién ganaría la carrera: los hongos.

De modo que es preciso dejar caer la rama muerta. Cuanto más corto sea el muñón que queda pegado al tronco, tanto más pronto puede cubrirlo el árbol. Pero ¿cómo puede conseguir el árbol que ese tejido muerto se separe de una vez? Él mismo no puede, pero otros seres le ayudan. En primer lugar, son aquellos mismos hongos que pretenden penetrar en el tronco: comienzan a descomponer la rama muerta cuando todavía está unida al árbol. Este proceso es tanto más rápido cuanto más húmedo y umbrío sea el entorno, es decir, cuando impera un verdadero clima forestal.

Una vez reblandecida la rama, entran en juego los temporales de otoño. Cuando el viento sopla con fuerza, de manera que los árboles se inclinan hasta las puntas de las ramas, todo lo que se ha secado se rompe y cae de la copa y del tronco. El viento es como una gigantesca escoba, que libera al árbol de los adornos indeseados.

De este modo, todos los años se desprenden ramas menores de hasta unos cinco centímetros de diámetro. En el caso de las ramas gruesas, la cosa se complica, y las especies arbóreas que forman duramen tienen más dificultades para eliminar sus pesados aditamentos. En las ramas de unos diez centímetros de diámetro y más también se deja secar la parte interior y se impregna de sustancias que frenan la penetración de hongos. Mientras las ramas estén vivas, esto tiene sentido, ya que en caso de alguna lesión no empiezan a pudrirse de inmediato. En cambio, resulta más difícil desprenderse de las compañeras muertas. Por eso, muchos robles, pinos, alerces y otros géneros que forman duramen tienen ramas muertas pegadas al tronco que sencillamente no quieren caer al suelo.

Sin embargo, cuando las ramas muertas están tan descompuestas que apenas pueden sostenerse, no es el temporal el que se encarga de la limpieza.

Sobre todo cuando hay niebla caen gruesas ramas muertas de los árboles.

Precisamente cuando reina la calma, en los bosques antiguos se oyen de vez en cuando grandes estruendos: se trata de grandes ramas que caen con estrépito al suelo, y el asustado paseante se pregunta por el motivo del bombardeo leñoso. La causa hay que buscarla en el aire húmedo. Cuando la niebla invade el bosque y crea una atmósfera mística, la madera muerta se impregna de agua y se vuelve cada vez más pesada, hasta que la rama se cae por su propio peso.

Por consiguiente, podemos decir que la niebla hace que un paseo bajo árboles viejos sea igual de peligroso que durante un vendaval.

Retrato: el cerezo silvestre

El cerezo silvestre *(Prunus avium)*, del que se deriva el cerezo dulce, lidia con problemas similares a los del manzano (*véase* la página 152). Debido a la hibridación con especies cultivadas a través del polen, la variedad silvestre autóctona se halla en franca retirada. Aparte de ello, el cerezo es todo un paradigma de la felicidad: le gusta el calor y un lugar soleado, y se lo agradece al propietario con un crecimiento rápido. Los suelos húmedos y muy ácidos no son de su agrado, y en todos los demás espacios de Europa Central y del Sur se encuentra muy a gusto, pudiendo crecer hasta alturas parecidas a las de las hayas y los robles. Por eso, a diferencia de los manzanos, podemos encontrarlos incluso en zonas boscosas cerradas. Las aves, a las que hace referencia el nombre científico del árbol, tienen tanta avidez por sus frutos que la mayoría de éstos desaparecen incluso antes de madurar. El vertiginoso crecimiento durante la juventud (altura final: hasta 25 metros) se paga con una menor esperanza de vida; así, los árboles empiezan a pudrirse a más tardar al cumplir los 80 años y poco después se rompen y se caen.

Las flores

Los árboles pasan por estadios similares a nosotros, los humanos. Infancia, juventud y edad adulta, a la que sigue una fase de vejez con debilidad y finalmente la muerte. El paso de la etapa juvenil a la adulta se reconoce fácilmente: el árbol florece ahora por primera vez. Este momento varía de una especie a otra. Así, los árboles nidífugos, como los abedules, los cerezos, los frutales o los sauces, comienzan muy pronto y a menudo ya se preocupan por su descendencia antes de alcanzar los diez años de edad. En cambio, los nidícolas, típicos de los bosques cerrados, necesitan para ello mucho más tiempo. En función de la cantidad de luz que reciben, no sacan la primera flor hasta pasados entre 40 y 150 años. En cualquier caso, tan pronto el árbol decide procrear, ha dejado atrás la edad juvenil. Eso sí, no deja de crecer, ya que los árboles lo hacen en principio durante toda la vida. No obstante, a partir de este momento la escalada pierde velocidad, ya que una parte de la fuerza se invierte en la formación de semillas.

Para la procreación (que es de lo que se trata cuando se echan flores), los árboles emplean un método particular. A fin de comprenderlo hemos de examinar más de cerca su estrategia evolutiva.

Los árboles de una misma especie presentan una variancia genética notable, es decir, se distinguen mucho unos de otros en sus rasgos hereditarios. La diversidad es bastante mayor que, por ejemplo, entre personas de distintos continentes. Esto se debe a una razón muy sencilla: los árboles pueden llegar a vivir muchísimos años. De cuatro a cinco siglos –en casos excepcionales incluso milenios– de edad máxima implican que existe una enorme distancia entre generaciones. Porque para que los jóvenes puedan desarrollarse, primero han de desaparecer los abuelos y los padres. En la selva, esto significa que un árbol gigante, después de una larga vida, se colapsa podrido y así deja pasar por fin los rayos del sol hasta el suelo. Entonces, y no antes, pueden emprender los descendientes el crecimiento en altura.

En el marco de la evolución de las especies, la adaptación se produce exclusivamente en la sucesión de generaciones, en la que se vuelven a mezclar genes y por tanto pueden desarrollarse nuevos rasgos. Por consiguiente, cuanto mayor sea la distancia entre progenitores y descendientes, tanto menor será la posibilidad de adaptación. Los humanos creamos durante la vida media de un árbol de 20 a 25 generaciones, por lo que nuestro ritmo de adaptación a las condiciones del entorno es de 20 a 25 veces más rápido.

Los árboles compensan esta desventaja resaltando su individualidad, de manera que los ejemplares de una misma especie pueden diferenciarse genéticamente tanto como por ejemplo un gorila de un chimpancé. Un haya no es igual a otra, un abeto no es igual a otro.

Debido a la lentitud del cambio generacional, la mezcla de genes en la procreación es particularmente importante. Y éste es el punto en que se plantea un problema. Porque en la selva reina la oscuridad, y los árboles, por cierto, la provocan adrede. Se trata de que llegue tan poca luz al suelo que sólo puedan sobrevivir los propios descendientes. De este modo, las hierbas y matas que aman la luz y son competidoras molestas por el agua y los nutrientes, quedan fuera de juego. Claro que con éstas también se ausentan los insectos polinizadores, que sólo acudirían si hubiera una oferta regular de néctar y polen. Puesto que los árboles no florecen todos los años, en una selva virgen extensa no se sostiene duraderamente ninguna colonia de insectos.

Para asegurar a pesar de todo una mezcla intensiva de genes, a los árboles selváticos no les queda otro recurso que el viento. Con ayuda de éste, el polen se expande en enormes nubes a lo largo de muchos kilómetros hasta llegar a otros ejemplares de la misma especie, para introducirse allí en las flores femeninas. Para que los granos de polen alcancen realmente dichas flores, es preciso emitir un gran número de esas partículas. Así, a cada centímetro cuadrado de superficie en un bosque en flor llegan más de 20.000 granos de polen. De este modo se asegura que se fructifiquen todas las flores femeninas.

Los árboles de los lindes del bosque y de las estepas tienen a este respecto una ventaja: en cuestiones de sexo pueden confiar en personal auxiliar. Los numerosos insectos que buscan alimentos en los millones de flores de las hierbas de los prados también polinizan los cálices de las copas.

Variedades cultivadas de nuestras especies frutales y abedules florecen todos los años. Muchas otras especies arbóreas no lo hacen más que cada cuatro o cinco años.

En cuanto a la diferenciación de sexos, cada especie arbórea es distinta. Mientras que los frutales reúnen en cada flor órganos reproductivos tanto femeninos como masculinos, en la mayoría de los árboles forestales, que dependen del viento como vehículo transmisor, los dos sexos están claramente separados y residen en distintas clases de flores. Ejemplos típicos de esta separación son los abedules, los nogales, los robles y las hayas.

En el caso de los chopos y los sauces, los alisos o el ginkgo, la separación es tan drástica que existen árboles masculinos y femeninos. No se sabe de qué sexo son hasta el momento de la floración.

La procreación es un asunto laborioso. Para que los frutos estén listos antes del otoño, las flores deben aparecer lo antes posible en el árbol, en algunos casos incluso antes que las hojas. Además de las nuevas ramas, esto cuesta mucha energía, que entonces no está disponible, por ejemplo, para combatir enfermedades. Y esto supone un riesgo. Ésta es la razón por la que la mayoría de los árboles sólo florecen cada cuatro o cinco años. Son excepción las especies nidífugas, como los sauces o los abedules, que esparcen sus semillas casi todos los años. Nuestras especies frutales cultivadas también fructifican con mucha mayor frecuencia, porque ¿a quién le apetece cosechar tan sólo una vez cada año jubilar? Como si no quisieran quedarse cortos, los árboles forestales también han acelerado el ritmo y ahora producen bellotas, hayucos y piñas cada dos o tres años. La causa real de ello radica en el estrés: cuando los árboles se sienten mal, invierten más energía en la procreación. Y con ello pierden aún más fuerza. El sentido de este modo de proceder aparentemente autodestructivo estriba en el hecho de que el árbol teme que el año siguiente sea el último de su vida, y por eso desea reproducirse una vez más, para que al menos sobrevivan sus genes. Así, los períodos de estrés –por ejemplo, un verano muy seco– provocan siempre una floración especialmente abundante durante el año siguiente.

Puesto que la contaminación atmosférica y el cambio climático estresan a muchas especies, el ritmo de floración se ha acortado a los mencionados dos o tres años.

O sea, si el árbol de nuestro jardín intercala algún año una pausa para descansar, debemos entenderlo como unas merecidas vacaciones, a pesar de que ese año tengamos que renunciar a nuestras manzanas propias.

Los embriones

Los árboles tienen muy distintas estrategias para llevar sus semillas a la tierra. Muchos confían en el viento y han desarrollado para ello los más diversos artilugios. Para poder volar, los pequeños paquetes energéticos han de ser lo más ligeros posible. Los chopos son, en este sentido, verdaderos maestros y reducen el peso de sus embriones a menos de un miligramo. En vueltos en una finísima pelusilla erizada, basta un ligero golpe de brisa para que emprendan el viaje. Durante un temporal, el vuelo puede llegar a más de 100 kilómetros de distancia. De este modo, y puesto que el chopo es nidífugo y no precisa la protección de sus progenitores, el acceso a nuevos espacios sin bosque es un juego de niños. Por otro lado, la estructura ligera tiene una importante desventaja: el grano apenas contiene materias de reserva en forma de grasa o aceite, de modo que el brote ha de poder seguir creciendo por sí mismo desde muy temprano. Pero dado que los lugares de colonización preferidos están libres de toda competencia por parte de otros árboles, y a menudo carecen incluso de toda vegetación, los brotes son a menudo capaces de crecer rápidamente y llegar a adultos.

Las especies forestales tienen que dotar a su descendencia de más provisiones para su viaje. La penumbra que reina al pie de los grandes árboles apenas da para mantenerse con vida. En aquellos lugares en que un rayito de sol llega al suelo ya crece un competidor. La reserva de energía debe bastar por lo menos hasta que se formen las primeras hojas y una raíz eficaz, es decir, para varios meses. Por eso, las semillas de estos árboles son demasiado pesadas para poder volar con ayuda de una pelusilla. La alternativa consiste en unos sofisticados rotores capaces de trasladar los pequeños paquetes energéticos, como un helicóptero, a muchos cientos de metros de distancia. Las representantes de esta variante son la mayoría de las especies de coníferas, aunque también algunas frondosas como el acer.

Si se precisa todavía más energía inicial, los dispositivos voladores ya no sirven. Las bellotas, los hayucos, las nueces y las avellanas son demasiado pesadas. Aun así, consiguen viajar: para los arrendajos, las ardillas y otros animales, esos frutos constituyen un alimento concentrado muy codiciado e ideal para juntar reservas de cara al invierno. Excavan, por si acaso, cientos –e incluso miles (¡cada animal!)– de depósitos, a los que acuden en invierno cuando ha nevado. Mientras que los mamíferos entierran las semillas y los frutos en un espacio de pocos cientos de metros a la redonda, en el caso de las aves este espacio puede alcanzar varios kilómetros.

Se sabe que las ardillas olvidan algunos de los escondrijos creados. Desde la ventana de mi despacho ya he podido observar a algunos de estos animalillos con orejas de pincel cómo escarban desesperados en el manto de nieve sin encontrar su tesoro. Lo que para la ardilla puede implicar la muerte por inanición, para las semillas enterradas a una profundidad adecuada es una oportunidad de convertirse en árbol.

Los arrendajos son capaces, según estudios científicos, de memorizar más de 10.000 escondites. Claro que nunca consiguen acabar con todas las reservas, pues el sobrepeso resultante les impediría levantar el vuelo. Una parte del excedente está pensado para las crías de la siguiente primavera, que también podrán disfrutar de las conservas de mamá. Y puesto que un ave nunca sabe cuánta prole le va a deparar la naturaleza, almacena la mayor cantidad posible, para andar sobre seguro. En este caso, las reservas no utilizadas también brindan una oportunidad a las semillas enterradas.

Las ardillas olvidan a veces dónde tienen algunos de sus escondrijos.

Gracias al servicio que prestan estos animales a las especies arbóreas en cuestión, se aseguran asimismo una propagación de las plantas que les suministran alimentos y con ello un mejor abastecimiento de las generaciones futuras de la propia especie.

No obstante, hay algo que los árboles no tienen previsto: los jabalíes. Estos animales remueven cada otoño la tierra bajo los árboles esperando encontrar buenos alimentos para pasar el invierno. En los años en que hay muchas bellotas y hayucos, esto funciona muy bien. Dado que en siglos pasados también se cebaban los cerdos domésticos con estos frutos otoñales, en ámbitos profesionales se sigue hablando hoy en día de «años de cebado» cuando los robles y las hayas producen en abundancia.

A menudo se escucha la opinión de que los jabalíes hacen más bien que mal al bosque. Se dice que al hozar en busca de alimentos remueven la tierra y de paso entierran parte de las semillas, asegurando así la germinación de miles de nuevos árboles. Lamentablemente, esto no es así. Los jabalíes tienen un olfato tan refinado que encuentran casi todas las bellotas y hayucos y, desde luego, se las comen. Debido a la proliferación masiva de estos mamíferos, el suelo del bosque queda tan pelado como si hubiera pasado una máquina de limpieza, y los árboles progenitores esperan en vano, en la primavera siguiente, a que broten sus descendientes.

Dicen que la causa de la proliferación masiva de jabalíes es el cambio climático, o para ser más exactos, los inviernos suaves. Y que otro factor importante son los propios robles y hayas, que debido al estrés medioambiental echan frutos más a menudo. La fuente de estas noticias falsas es el mundo de la caza, que de este modo pretende desviar la atención de la causa real. Ocurre que por cada jabalí que van a matar, los cazadores llevan todos los años 130 kilogramos de maíz en grano al bosque. No es extraño que con semejante oferta de comida la población animal crezca rápidamente. Con todas esas calorías vertidas entre los árboles se podría criar a los animales cómodamente en una pocilga. En plena naturaleza, esta modalidad de ganadería hace que los árboles de especies frondosas con semillas grandes apenas se reproduzcan ya de forma natural.

En cambio, la pasión por los frutos silvestres tiene efectos muy distintos. Muchos árboles envuelven sus semillas adrede en frutos sabrosos, que tientan a comérselos. En este terreno se practican dos estrategias muy distintas. La tradicional, acreditada desde hace millones de años, apuesta por la propagación a través de los excrementos. Un ejemplo típico es el cerezo silvestre, un árbol que en otoño luce un sinfín de frutos rojos que invitan al festín a la fauna plumífera. Horas después, las semillas, rodeadas de un pequeño paquete de abono del intestino del pájaro, vuelven al mundo de la botánica unos kilómetros más allá del árbol madre.

La otra estrategia es más nueva: nuestros árboles frutales son el resultado de una dilatada labor de cruce y mejora. Puesto que el resultado es tan maravilloso, preferimos estas plantas, las colocamos en jardines y plantaciones. Claro que también se puede contemplar el proceso desde el otro lado: los frutales se han adaptado evolutivamente a los humanos hasta tal punto que han obtenido una ventaja frente a las especies salvajes. Nos convencen de que les ayudemos y los defendamos en todas partes frente a otros árboles. De este modo han podido emprender su marcha triunfal alrededor de todo el planeta.

Mensajes

El tema de la comunicación lo he abordado en el prólogo, pero dado que adquiere cada vez más importancia, también para nosotros los humanos, quisiera comentarlo aquí de nuevo brevemente.

El hecho de que los árboles emitan señales olorosas para entrar en contacto con otras especies lo hemos experimentado todos en el propio cuerpo. La forma más común es el perfume que emiten las flores de los frutales, los tilos, las robinias y todas aquellas especies que dependen de la polinización por los insectos. Porque el aroma no es otra cosa que una llamada: «¡Venid, aquí hay un néctar delicioso!».

Muchas otras señales conocidas tienen que ver con la lucha contra la invasión de parásitos. Cuando un árbol es atacado por escolitinos, percibe el dolor. Para deshacerse de la plaga introduce sustancias repelentes en la corteza. Con ello no sólo piensa en sí mismo, sino que de paso avisa a sus vecinos, y lo hace a través del aroma. Los congéneres que reciben el mensaje se previenen también con productos químicos, y cuando los polífagos los atacan, se defienden de inmediato. Claro que sólo reciben la advertencia aquellos árboles que se hallan en la dirección del viento, ya que los mensajes odoríferos circulan por el aire como vahos de niebla y se disipan, como éstos, con la brisa más ligera. A pesar de ello, los árboles también son capaces de comunicarse a contracorriente del viento. Para ello utilizan simplemente su sistema radicular. Mediante el contacto íntimo con las raíces del vecino se transmiten mensajes, y no sólo a éste. En el caso de las hayas se ha constatado que posiblemente las raíces de todos los ejemplares de un bosque están conectadas en red. Y del mismo modo que miles de millones de células constituyen un organismo llamado ser humano, según los científicos un hayedo puede calificarse de superorganismo en que todos los árboles trabajan para el conjunto.

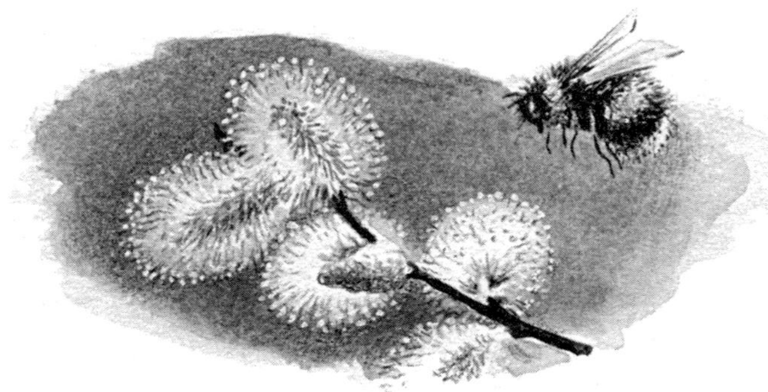

Con los perfumes de sus flores, los árboles atraen a los insectos.

La mayoría de las señales que se han descifrado hasta ahora tienen que ver con la defensa frente a ataques. La razón de ello es muy sencilla: en estos casos se puede determinar y medir la causa y la consecuencia. Los ataques de insectos pueden reproducirse en el laboratorio, pero muchas otras cosas no. Trasladado a la experiencia humana, sería como si un foráneo quisiera aprender la lengua del lugar dando patadas a los indígenas. Los gritos de dolor y de rabia no le llevarían muy lejos, pero es precisamente en este punto donde se halla actualmente la ciencia en lo que respecta a la comunicación entre los árboles. Así que podemos mirar con interés al futuro y esperar que se desarrollen métodos para descifrar también el «lenguaje cotidiano» de los árboles.

Acumulación de agua e hibernación

A más tardar en noviembre, en nuestras latitudes, tanto las frondosas como las coníferas deciden bajar la persiana. Entonces, todo árbol que puede se desprende de sus hojas y todos ellos se preparan para el largo sueño. Cierran la llave del agua y la fotosíntesis se suspende hasta la primavera siguiente.

El contenido de humedad de la madera y de la corteza se reduce al mínimo a fin de prevenir los daños causados por las heladas. En la parte interior, el duramen, esto no es posible, pues está desactivado y no participa más en los procesos biológicos; por eso, en él la humedad se halla durante todo el año en un nivel mínimo.

La albura, situada más al exterior y que constituye el conducto de agua del árbol, contiene durante el período vegetativo casi cuatro veces más. El volumen total de agua que almacena un árbol depende de su edad, puesto que con los años aumenta la proporción de duramen inactivo.

De promedio, un árbol adulto contiene durante el período vegetativo de 500 a 1000 litros de agua. Esta cantidad se reduce a la mitad en otoño, aunque la albura nunca llega a secarse tanto en invierno como el duramen.

Durante un paseo por el bosque en invierno podemos comprobar la enorme cantidad de agua que contiene la madera. Basta con que busquemos en un día de helada un lugar en que hayan talado árboles recientemente. En los tocones cortados no hace mucho se distingue a simple vista la albura del duramen, ya que el líquido congelado hace que aquella parezca un aro de hielo.

Esto revela asimismo cuánta tensión soporta la madera, porque a pesar de haber reducido la cantidad de agua, en un árbol se congelan todavía de 250 a 500 litros de agua y se expanden en forma de hielo. En noches muy frías puede ocurrir, sin embargo, que un tronco reviente con un fuerte estampido. En estos casos, la causa estriba normalmente en una antigua herida del tronco, que al quedar cubierta por la corteza da lugar a un recorrido irregular de las fibras y por tanto a tensiones similares a las del tejido cicatricial de los humanos.

Durante la primavera, la corteza es sumamente sensible. La albura mojada y la capa húmeda de líber hacen que el cámbium tenga dificultades para asegurar la cohesión. Por esta razón, en esta estación del año son especialmente frecuentes las lesiones de la corteza. Si no tienen más de cinco centímetros de diámetro, el árbol podrá repararlas a veces antes de que transcurra el año.

En invierno, de todos modos, el árbol está indefenso, pues duerme. Las lesiones no podrá tratarlas hasta la primavera. La reducción del contenido de agua hace que el tejido se contraiga un poco y la corteza se pegue fuertemente al tronco. En esta estación apenas es posible que se produzcan lesiones extensas. La ciencia todavía no ha descubierto la causa de la pérdida de agua, si sirve para prevenir las heladas o proteger la corteza.

Luchas de poder

En el bosque que gestiono existe un robledal que se plantó hace 140 años. En este tiempo, los planteles de entonces se han convertido en grandes árboles espléndidos. Esta parte del bosque ya no se explota, pues el municipio lo ha declarado espacio natural protegido. En él se desarrolla, al margen de toda intervención humana, un drama a cámara lenta: el robledal sucumbe al ataque de las hayas.

El roble, un árbol luminoso, se muestra tan derrochador con los rayos de sol que muchos de éstos llegan al suelo. Esto les basta a las hayas jóvenes para ascender sin prisa, pero sin pausa, un metro después de otro. Con los años se cuelan lentamente entre las copas de los inocentes robles, extienden sus ramas por encima de ellas y dejan a oscuras sus hojas. El haya, un árbol umbrío, sólo deja pasar el 3 % de la luz diurna a través de su copa, y con esa proporción el roble está condenado a morir de hambre, ya que sus hojas dejan de producir energía suficiente. Uno tras otro se mueren y dejan la vía libre a las invasoras.

En el Parque Nacional del Harz, en Alemania, unos científicos han observado que las hayas también luchan en el espacio de las raíces. Penetran en cualquier intersticio, en los huecos más pequeños bajo los troncos de otras especies. De este modo, les cortan poco a poco el suministro de agua y nutrientes, de modo que también van perdiendo fuerza en la parte aérea. Se forman pocas hojas y ramas, y entonces las hayas aprovechan la situación para seguir desplegando sus ramas. Puesto que este proceso se desarrolla de forma similar en la mayoría de bosques centroeuropeos, por naturaleza tendría que haber hayedos en todas partes.

Antes de que nadie sienta compasión con las demás especies, debe saber que éstas se comportan de idéntico modo, sólo que en nuestra latitud suelen sucumbir. En los suelos en los que las hayas tienen problemas, como en lugares secos y pedregosos, se ven acosadas con la misma inmisericordia por sus competidores.

Si el crecimiento propio no basta, si es demasiado lento, hay árboles que propagan sustancias químicas nocivas a través de las raíces para frenar el avance de la competencia. El pino silvestre es una de estas especies agresivas. Todavía más intolerante es el nogal, que no sólo emite sustancias tóxicas a través de la raíces, sino también por medio de las hojas y las cáscaras de las nueces, de modo que debajo de él apenas crece hierba, y mucho menos otros árboles. Si queremos plantar un nogal en el jardín, conviene que elijamos un espacio en el que se sienta a sus anchas.

Cohabitantes animales

Los árboles son ecosistemas muy particulares. Muchos nichos que ofrecen al reino animal quedan ocultos a la vista del observador. Por ejemplo, un tipo especial de zona húmeda que se forma en las bifurcaciones de ramas en lo alto de las copas. El agua de lluvia se estanca en una especie de minicharcos y permite a determinados mosquitos depositar allí (¡y sólo allí!) sus huevos. Las larvas permanecen en el agua hasta el desove.

Podemos pensar que allí arriba no corren ningún peligro, pero en el curso de la evolución surgieron ciertos escarabajos que están especializados en cazar la descendencia de los mosquitos en aquellos microestanques.

Otro ejemplo que no daña al árbol es una babosa denominada *Lehmannia marginata,* que se alimenta del césped de algas de la corteza y de paso asciende hasta las copas más altas. También el caracol *Arianta arbustorum,* que tiene un bonito caparazón, circula por las ramas y muy de vez en cuando se come una hojita. Constituye la base de la alimentación de los zorzales comunes, que agarran con el pico a estos habitantes de los árboles y los rompen siempre sobre las mismas piedras, llamadas yunques de zorzal. La presencia de numerosos caparazones de caracoles encima y al lado de la piedra revela al excursionista atento la cercanía de los depredadores alados.

No obstante, muchos cohabitantes lo que buscan son los nutrientes. A través del líber, en la capa interior de la corteza, se canalizan azúcares y féculas de las hojas a las raíces. Nada más lógico que chupar de esa corriente. Los especialistas de este robo de nutrientes son los pulgones. Las especies dotadas de una trompa sensible pinchan las hojas para desviar a su propio estómago los productos recién creados en la fotosíntesis. Los nutrientes son tan abundantes que los animalillos no son capaces de absorberlos en su totalidad. Hasta la orina del pulgón sigue siendo dulce, lo que además aprovechan nuestras abejas para llevarse las heces a la colmena con el fin de producir la apreciada miel de bosque.

Para facilitar la perforación, los pulgones suelen iniciar a menudo su actividad cuando comienzan a brotar las hojas y éstas todavía están muy tiernas. El ataque de los parásitos hace que las hojas afectadas se encojan, ya que el despliegue y la reparación simultánea producen tensiones. Un ataque masivo puede frenar el crecimiento, sobre todo de los árboles jóvenes.

Especies más robustas, como la cochinilla acanalada, son capaces de perforar la corteza dura y beber directamente sobre el tronco. Su vello blanco hace que sean fáciles de detectar; parece como si hubiera algo de moho en las rendijas de la corteza.

Los insectos que chupan la savia directamente sobre el tronco suponen una amenaza mayor para el árbol que los que pinchan las hojas. Mientras que con respecto a estos últimos se vuelven a repartir los naipes al año siguiente, un ataque en el tronco comporta el peligro de infecciones fúngicas.

El árbol se defiende de los parásitos formando en la zona del ataque una corteza especialmente rugosa. Si a pesar de todo no logra deshacerse de los pulgones, es posible que se formen heridas que supuran continuamente. Entonces enferma el árbol (*véase* el capítulo «El árbol enfermo» en la página 183).

Temibles escolitinos

En principio, todos los árboles tienen defensas frente a los parásitos... siempre y cuando estén bien sanos. En cambio, si uno está debilitado a causa de una enfermedad, de la presencia de contaminantes atmosféricos o de los efectos de una sequía, los parásitos lo tienen más fácil. El ejemplo paradigmático de esta situación es el ataque por los escolitinos, cuya forma de actuar se puede ver muy claramente en el caso del abeto.

Cada especie arbórea tiene parásitos especializados en ella; en el abeto, éstos son los hilesinos. Cuando un hilesino sale de la crisálida y emprende el vuelo para fundar una familia propia, busca algún árbol enfermo. Lo hace con el olfato, y aunque no huele las infecciones, sí capta el olor de la resina que rezuma de un tronco. Los árboles heridos ya no pueden defenderse en toda regla. Porque éste es el mayor peligro para el diminuto piloto: cuando cree haber encontrado el árbol idóneo, perfora la corteza y penetra en ella. Si el abeto todavía tiene fuerza para defenderse, introduce una gota de resina en el orificio por el que ha entrado el intruso, con lo que éste queda inmovilizado y muere. Sin embargo, si el joven hilesino ha acertado con el estado del árbol y éste está debilitado, puede seguir perforando tan campante. Encima, comparte su alegría por el acierto emitiendo una nube aromática que indica a sus congéneres el lugar que pueden colonizar sin peligro, con lo que acuden cientos de hilesinos al abeto afectado y penetran igualmente en él. Forman la llamada cámara nupcial, donde se aparean y depositan huevos en pequeños nichos. Tras el desove, las larvas buscan la nutritiva capa del líber y forman crisálidas, de modo que al cabo de seis semanas aparece una nueva generación de insectos. El abeto pierde en la parte atacada toda la corteza y muere.

Las temibles proliferaciones masivas sólo pueden producirse si es el bosque entero el que está enfermo. Y esto es lo que ocurre en nuestra latitud con todos los abetos, porque su lugar de origen es la taiga, donde hace frío y hay mucha humedad incluso en el período de vegetación. Aquí, donde tenemos veranos cálidos y secos, pierden realmente el aliento, y los hilesinos tienen las puertas abiertas.

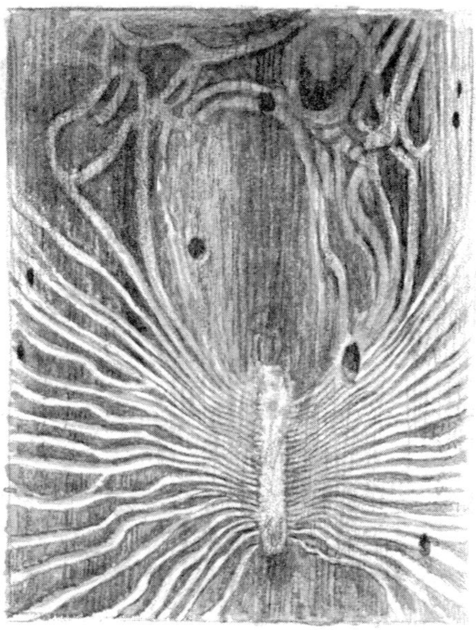

Los hilesinos están especializados en abetos enfermos.

Cada árbol tiene «sus» escolitinos, que tienen todos una cosa en común: únicamente atacan árboles enfermos, debilitados, pero todavía vivos (o recién talados). Con la madera muerta no saben qué hacer. Esto explica también por qué la madera muerta y los insectos que habitan en ella no suponen nunca un peligro para los árboles vivos, porque los que viven del cadáver de un árbol pertenecen a especies totalmente distintas.

Una excepción entre los escolitinos es el escarabajo rayado *(Trypodendron lineatum),* que forma en la albura jugosa de árboles moribundos unas cámaras con peldaños en las que cultiva hongos. De éstos se nutren sus larvas, que al cabo de unas pocas semanas ya emprenden el vuelo como escarabajos adultos.

Muchas otras especies, como los escarabajos longicornios o los bupréstidos, también viven de los troncos moribundos, un breve episodio en la larga vida de un árbol. Ésta es también la razón de su relativamente corta fase larvaria, que dura tan sólo unas pocas semanas. Porque mientras el ciervo volador o el eremita, cuya descendencia se alimenta tranquilamente durante años de los detritos de la podredumbre de la madera, se toman todo el tiempo del mundo, las circunstancias en el árbol enfermo, pero todavía vivo, cambian rápidamente. La humedad se reduce y penetran hongos. Antes de que la madera esté completamente seca y se desprenda la corteza, los longicornios jóvenes tienen que haber abandonado el espacio de cría.

Vivienda social

Los pájaros carpinteros cavan agujeros de dimensiones muy distintas en los troncos, y contrariamente a que se suele pensar, no es tan sólo en árboles enfermos donde eligen el lugar para instalar su dulce hogar. Claro que, si la madera ya está un poco podrida, como por ejemplo en una rama gruesa que ha muerto, resulta mucho más fácil de trabajar. A pesar de ello, se observa una y otra vez que estas aves coloridas se fabrican una cueva en árboles completamente sanos. Y según la especie no una sola vez: algunos refugios se utilizan exclusivamente para dormir, otros para la incubación, y algunos sólo sirven para cambiar de aires, ya que al carpintero le gusta pasar a veces la noche fuera de casa.

Para el árbol, estos inquilinos son problemáticos. La abertura del interior del tronco comporta una peligrosa entrada de aire en la parte más sensible del árbol, a saber, la madera inactiva o duramen de los anillos anuales interiores. En esta parte, el árbol ya no puede defenderse de los hongos que penetran en él, y en el hogar recién creado del carpintero ya comienza un proceso de putrefacción que se extiende rápidamente hacia arriba y abajo por el tronco. La descomposición de la madera hace que la cueva crezca cada vez más, hasta el punto de que al cabo de unos años el carpintero ya no se encuentra a gusto y se muda. Su vivienda vacía la ocupan murciélagos, búhos o palomas zuritas, aves que también tienen predilección por habitar troncos gruesos, pero que son incapaces de cavarse sus propios huecos. El árbol permanece en pie, aunque por dentro esté hueco como una chimenea. Los anillos anuales exteriores, todavía vivos, son suficientemente estables para impedir que el árbol se quiebre bajo un vendaval. Por tanto, no hace falta que talemos sea como sea un árbol hueco de nuestro jardín. Al contrario, conviene conservar estos ejemplares, siempre que no comporten un peligro para nadie, pues en su interior se forman ecosistemas muy peculiares, habitados por hongos e insectos raros. Uno de ellos es el eremita (u *Osmoderma eremita*), un bicho de hasta cuatro centímetros de largo, parecido a un geotrúpido sobredimensionado. Le gustan todos los frondosos gruesos: los eremitas del interior son muy sedentarios, incluso podría decirse que son gandules. Permanecen de por vida en el hueco del árbol en el que han penetrado, y no sólo ellos: muchas generaciones sucesivas tampoco se largan, de manera que un árbol puede estar habitado durante más de 100 años por la misma estirpe.

Puesto que a los escarabajos no les apasiona volar, ni mucho menos, y en todo caso no superan distancias de más de 100 metros, la retirada de viejos árboles podridos implica una catástrofe para su especie. Ocurre que debido a la normativa moderna de seguridad del tráfico, a raíz de la responsabilidad civil del propietario sobre los daños causados por la caída de un árbol, por desgracia se talan todos los ejemplares adecuados para los eremitas. Y los pocos que todavía pueden colonizarse se hallan a menudo a muchos kilómetros de las poblaciones de escarabajos más cercanas, una distancia que los perezosos animales nunca podrían recorrer. No es extraño que los eremitas estén amenazados de extinción.

El eremita habita en huecos excavados en el tronco.

Retrato: el pino

El hábitat natural de nuestra variedad de pino más frecuente, el pino silvestre *(Pinus sylvestris)*, coincide con el de la picea: el norte profundo, la taiga con su clima frío y húmedo. Su numerosa presencia (según el inventario forestal alemán, después de la picea es la especie arbórea más frecuente) tiene que ver con su cultivo en plantaciones, sobre todo en el norte y el este de Alemania. Y al igual que a la picea, el clima centroeuropeo no le conviene. Los temporales de invierno y la sequía en verano provocan regularmente el colapso de zonas boscosas enteras. Como árbol de jardín, el pino tiene mejores posibilidades, ya que dispone de más espacio que en las plantaciones y puede crecer hasta una altura imponente –hasta 50 metros– y alcanzar la edad de 500 años. Se puede decir que es un árbol intergeneracional. Sus raíces son muy estables y abarcan a menudo el doble del diámetro de la copa, de manera que los temporales tienen pocas posibilidades de tumbar un pino de jardín. En casos extremos, puede romperse el tronco justo debajo de la copa.

La única desventaja, al igual que en las piceas y los alerces, es el continuo goteo de resina. Por eso, un banco de jardín debajo de un pino pierde pronto su atractivo. El intenso aroma que emite el árbol en los días calurosos del verano recuerda a los pinos del sur y por tanto a las vacaciones junto al mar, de modo que no le faltan amantes por estos lares.

Inquilinos vegetales

Por qué los árboles crecen tanto y viven tanto tiempo? El gigantismo –de otro modo no se puede calificar este fenómeno– tiene muchas desventajas. Ya hemos hablado de la más importante, a saber, la enorme distancia en el tiempo que media entre los cambios generacionales y por tanto la lentitud del proceso de adaptación genética a los cambios del entorno.

La causa está en la luz, el principal factor de competencia en casi todos los ecosistemas terrestres. Quien tiene la luz, tiene el poder. Y dado que ésta viene de arriba, cualquier planta que asoma la cabeza por encima de las demás tiene mejores posibilidades. No es extraño que las especies se hicieran cada vez más grandes y que comenzara una carrera hacia arriba. El récord lo tienen las douglasias norteamericanas: con sus 130 metros como máximo dejan atrás incluso a las secoyas.

Sin embargo, incluso los 50 metros que constituyen para la mayoría de especies de nuestros bosques el límite superior suponen un esfuerzo considerable. Al fin y al cabo, para que semejantes rascacielos vegetales se mantengan de pie es preciso incorporar una cantidad enorme de biomasa. Y esto necesita su tiempo, a veces siglos. A esto se añade la escasa posibilidad de alcanzar uno de los primeros puestos de la carrera: para una semilla de un árbol, la probabilidad de llegar a ser algún día un árbol adulto es de una a muchos millones. Cuando una tiene la suerte de ganar la lotería seminal y logra convertirse en un árbol, procurará permanecer tanto tiempo como sea posible en la carrera y reproducirse con fruición.

Pero ¿qué ocurre con todas las demás plantas, arbustos y hierbas que no llegan tan arriba? Tienen que idear otras estrategias para no sucumbir en la penumbra que reina debajo de los gigantes.

Toda una serie de ellas utilizan árboles para escalar, como por ejemplo la hiedra y la clemátide, que trepan por los troncos y se cargan de energía en lo alto de las copas. La hiedra ha desarrollado para ello diversos tipos de hojas. En el tramo de ascenso, donde todavía prevalece la penumbra, las hojas tienen tres lóbulos, que son las típicas de la hiedra. Cuando la planta ha conseguido llegar hasta la copa del árbol, cambia estas hojas por una especie de turbovelas solares. Las hojas se tornan más claras y tienen el borde continuo, es decir, sin los característicos lóbulos.

Con ello queda aclarada la cuestión de si las plantas trepadoras perjudican a los árboles: ¡sí! Porque cuando despliegan en lo alto sus colectores solares de alto rendimiento, roban luz al árbol anfitrión, lo que lo debilita y le permite a su vez a la hiedra conquistar más terreno en la copa.

Si tenemos en el jardín un árbol por el que escala alguna de estas plantas, no pasa nada mientras el inquilino se mantenga por debajo de la copa. En cambio, si la trepadora asciende más y queremos que nuestro árbol siga estando sano, haremos bien en cortar el conducto de abastecimiento de la planta en la parte baja del tronco. Esta operación también puede ser necesaria si el tronco de la hiedra engorda demasiado, ya que en este paso estrangula el tronco del árbol y le corta las vías de suministro entre la copa y las raíces.

Un huésped de naturaleza muy distinta es el muérdago. A las parejas enamoradas les ofrece una bonita ocasión para intercambiar un beso romántico bajo sus ramas, pero para los árboles la situación ya no es tan atractiva. Si el crecimiento de la hiedra o la clemátide se asemeja más a un abrazo excesivamente fogoso, el muérdago comete un verdadero atraco a mano armada.

Alcanza la copa de un árbol con ayuda de los pájaros, que se comen las bayas blancas del muérdago y depositan las semillas con el excremento o al frotarse el pico sobre las ramas superiores. Allí, el brote joven se sujeta con una especie de ventosa sobre la corteza y espera. No puede introducir una raíz en la rama, pero tampoco le hace falta. A medida que el árbol se vuelve más grueso y genera nuevos anillos anuales alrededor de la rama, encuentra un obstáculo en la ventosa del bebé muérdago, y con el tiempo lo cubre y lo integra en la madera. ¡Victoria! Porque de inmediato el muérdago tiene acceso al flujo continuo de agua y sales nutrientes que va de las raíces a la copa a través de la madera.

Un único muérdago no supone ningún peligro para el árbol, pero la cosa va a más: cada vez se añaden nuevas plantas, de manera que la corriente de agua que asciende a la copa va perdiendo fuerza. Además, las pequeñas matas quitan luz al árbol, debilitándolo todavía más. Puesto que se autoalimentan a través de la fotosíntesis y «solamente» beben de la corriente de agua del interior del árbol, el muérdago se considera un semiparásito. En todo caso, una presencia numerosa de esta planta puede perjudicar tanto al árbol que éste acaba muriendo. Las increscencias en la madera, que impiden al árbol formar anillos anuales regulares, pueden provocar la rotura de ramas y dañar de este modo al árbol.

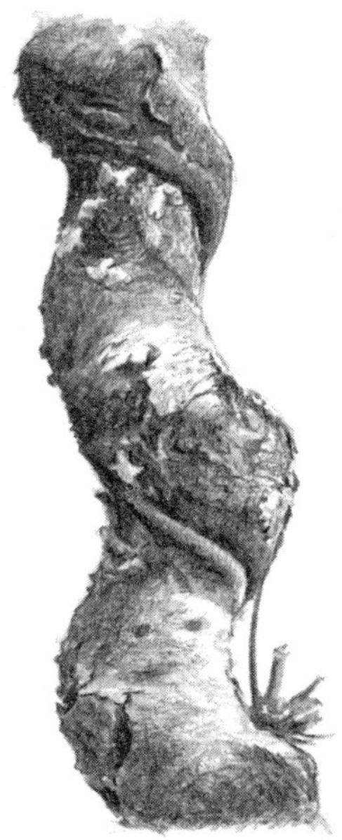

La hiedra y la clemátide utilizan el árbol para trepar.

Puesto que el muérdago prefiere el clima cálido, su presencia se da sobre todo en los valles fluviales, pero el cambio climático puede facilitar su propagación.

Si cortamos el muérdago abrimos indirectamente una puerta de acceso de hongos al interior del árbol. Por eso es mejor cosechar las matas que crecen en ramas pequeñas y después podar la rama entera. De este modo, el árbol se libera del parásito y puede proceder a cubrir el muñón de la rama cortada.

Los pinos norteamericanos viven muchos años. Bajo el sol caliente del sudoeste sólo crecen pocos milímetros al año.

Estimación de la edad

Calcular la edad de un árbol es muy fácil cuando está talado. Entonces basta con contar al pie del tronco los anillos anuales, y desvelado está el secreto. Estos anillos se forman debido a los cambios de las estaciones del año. En primavera crece primero una madera poco densa, que presenta grandes celdas de paredes delgadas. Esta zona es de color claro. Más adelante, en verano, la madera se vuelve cada vez más densa, las celdas disminuyen de tamaño y las paredes se tornan más gruesas. Ésta es la parte oscura de un anillo anual.

En estos anillos está condensada la historia de un árbol: permiten detectar los años de sequía (anillos muy estrechos), los años de mucha lluvia y especialmente frescos (anillos anchos), pero también los ataques de insectos o enfermedades (varios anillos estrechos seguidos). Dado que a menudo estos acontecimientos afectan a todos los ejemplares de una región y una especie, forman un dibujo sincrónico en la madera. La larga vida de los árboles de distintas generaciones suele solaparse durante décadas, de manera que podemos establecer una sucesión de variaciones de los anillos anuales a lo largo de miles de años. Con ayuda de una base de datos correspondiente, la ciencia permite atribuir objetos de madera tanto a una determinada región como a un período de tiempo. Dendrocronología (del griego *dendron* = árbol, *cronos* = tiempo) es el nombre de esta rama de la ciencia.

Claro que todo esto no sirve para el árbol de nuestro jardín o nuestro árbol preferido del bosque, pues el recuento de los anillos anuales sólo es posible en el árbol talado y por tanto muerto. Sin embargo, existen además otros métodos.

Las coníferas no ocultan su edad, y al menos durante sus primeros 50 años la revelan abiertamente. Cada primavera, el árbol genera un nuevo tallo ascendente en la punta. Al mismo tiempo, en la base de este tallo crecen nuevas ramas que se extienden hacia los lados en forma de estrella, formando algo parecido a un molinillo de batir (antiguamente, los molinillos de cocina se fabricaban a partir de estos tallos con sus ramas). Cada año asciende el árbol un escalón más, de modo que basta contar los «pisos» y añadir el tallo más alto para conocer la edad exacta.

Cada primavera, la conífera forma un nuevo molinillo de ramas.

Sin embargo, si el árbol ha superado la edad de 50 años, los molinillos de ramas inferiores van desapareciendo, puesto que las ramas viejas se secan y van cayendo y el tronco procede a cubrir de corteza los muñones. Para determinar la edad aproximada se puede aplicar el siguiente método: se cuentan desde la punta todos los pisos anuales hasta el punto en que ya no se distinguen fácilmente. Seguidamente se estima la longitud de este tramo; por ejemplo, la mitad de la longitud total del árbol. Entonces basta con multiplicar por dos el recuento de pisos superiores para obtener la edad aproximada del árbol. Claro que esto sólo se aplica a los árboles de parque o jardín, dado que siempre reciben luz a raudales durante toda su vida. En el capítulo «Árboles en libertad», en la página 17, hemos visto cómo en el bosque las nuevas generaciones se pasan muchos decenios vegetando debajo de los adultos. En ese período apenas crecen significativamente, de manera que el método de estimación descrito más arriba nos da a menudo, en el caso de los árboles de bosque, una edad demasiado reducida. Ahora bien, esto sólo afecta a alrededor del 5 % de todos los ejemplares; dado que la mayoría de bosques centroeuropeos son fruto de repoblaciones (en zonas taladas, es decir, en ausencia de árboles adultos), esos árboles no tuvieron que esperar pacientemente durante su juventud.

Las especies frondosas se muestran más coquetas cuando les preguntamos por la edad. La manera de crecer sistemática y ordenada de las coníferas no va con ellas, y únicamente después de un examen minucioso y a fondo están dispuestas a revelar algún dato aproximado con respecto a sus años. Para ello hemos de observar en detalle las ramas. Éstas, al igual que en las coníferas, se alargan un poco cada año. Y del mismo modo que con los anillos anuales es posible reconocer la transición entre dos períodos vegetativos.

En el haya es fácil reconocer la transición entre dos períodos vegetativos.

Por un lado, muchas especies cambian cada año la dirección de crecimiento en algunos grados, de manera que la rama muestra entonces una ligera inflexión. Por desgracia, esto no siempre está claro, pues hay especies que hacen que las ramas crezcan bien rectas. Por otro lado, en el punto de transición se forma un pequeño anillo. En algunas especies, como el haya, no sólo se trata de un anillo, sino de un pequeño pliegue que parece corteza arremangada.

Para determinar entonces la edad del árbol hay que empezar a contar, pero no desde la punta como en las coníferas, sino en la rama más baja que todavía esté viva. Contaremos partiendo del tallo más joven hacia atrás hasta el punto en que la transición todavía sea más o menos reconocible. El resto lo deduciremos en función de la longitud restante; no olvidemos añadir algunos años por la longitud del tronco que hay debajo de la rama.

Cuando los árboles envejecen, los coloniza el musgo que, partiendo del pie del tronco, va ascendiendo poco a poco a lo largo de éste. Esto se debe a que con los años los surcos de la corteza se tornan cada vez más profundos, de manera que en ellos se retiene mejor el agua de lluvia, que constituye la base de sustento del musgo. Al árbol sólo lo usa para sujetarse, como podría hacerlo con una piedra, que sirve de base de apoyo de estos acolchados verdes. Los escasos nutrientes que necesita el musgo para sobrevivir los obtiene de las precipitaciones, que arrastran consigo las partículas flotantes de la atmósfera.

Puesto que es en la parte baja donde el tronco es más grueso, allí las grietas de la corteza también son más profundas. A medida que el árbol envejece y aumenta el diámetro del tronco, esta zona de pliegues y recovecos se extiende hacia arriba. Y con ella también asciende el musgo. En las especies de corteza rugosa como el roble o el abedul, alcanza el primer metro de altura a la edad de unos 70 años, mientras que en las de corteza lisa, como el haya, tan sólo a la edad de 200 años. Claro que se trata de valores aproximados, que pueden variar mucho en cada caso específico, del mismo modo que en los humanos la formación de arrugas varía de una persona a otra. De todos modos, vale la pena fijarse en la presencia de musgo en los troncos cuando paseamos por el bosque; una presencia copiosa (hasta dos o más metros de altura desde el suelo) en muchos ejemplares indica que se trata de un conjunto de árboles viejos y por tanto valiosos desde un punto de vista ecológico.

El árbol viejo

En los seres humanos, el crecimiento en altura acaba con la pubertad; después de los 20 años de edad apenas subimos un centímetro más. Al contrario, el consabido peso de los años hace que los discos intervertebrales de la columna se compriman, de modo que a partir de la mitad de la vida vamos perdiendo un poco de talla.

En los abetos viejos, las copas, que antes eran puntiagudas se vuelven cada vez más planas.

Los árboles, en cambio, no paran. Siguen creciendo durante toda la vida, aunque a un ritmo decreciente. Pasada la impetuosa fase juvenil, el árbol ha alcanzado el tamaño propio de su especie y se construye una copa majestuosa; a partir de entonces, los aumentos de altura son cada vez menores. Si en los primeros decenios, según la especie, pueden ascender hasta 50 centímetros y más por año, un árbol viejo ya sólo crece 10 centímetros o menos. Y este pequeño tallo nuevo, especialmente expuesto a las inclemencias del tiempo, a menudo se ve dañado, de manera que al año siguiente es un tallo adyacente el que recibe el impulso ascendente. Esto puede acabar provocando que el árbol dé pasos sin avanzar en altura.

Desde lejos, esto puede apreciarse particularmente en las coníferas, cuya copa piramidal, que antes siempre acababa en punta, se vuelve cada vez más plana. En los abetos viejos, este fenómeno es especialmente pronunciado, y por su forma se habla entonces de «copa de nido de cigüeña».

A diferencia del crecimiento en altura, el tronco sigue aumentando de perímetro sin cesar. Como si fueran michelines, añade cada año un nuevo anillo. En la vejez, cada anillo supone un volumen desmesurado de madera y biomasa, porque entonces el diámetro es mucho mayor que en la juventud.

No sólo el tronco se ensancha: las ramas también engordan sin parar. Mientras que la expansión de la copa se torna más titubeante, la biomasa sigue creciendo continuamente. Hasta que un día el árbol se queda sin aliento: las hojas ya no generan suficientes azúcares y las raíces no bombean suficiente savia hacia lo alto; el enorme cuerpo necesita demasiado para mantenerse.

La pérdida de vitalidad se puede detectar por la disminución del tamaño de las acículas y las hojas. Además, se secan cada vez más ramas delgadas en la copa superior, que el viento se lleva en el siguiente temporal. Dado que este proceso se repite continuamente, poco a poco el árbol se contrae. Y esto lo debilita todavía más.

Eso es justo lo que estaban esperando los insectos y los hongos, que se abalanzan sobre alguna parte especialmente vulnerable del tronco, tal vez una antigua lesión que no haya cicatrizado bien. Las reacciones defensivas del árbol ya no son tan contundentes; a menudo parece como si sacrificara conscientemente la mitad del tronco para reservarse fuerza para la otra parte. La mitad abandonada se sitúa en muchos casos en el lado norte del tronco; es posible que en este lado los hongos tengan más facilidades, ya que el sol no da a esta cara y no la seca.

Los hongos manifiestan su avance triunfal con sus esporocarpos, que aparecen en forma de cresta en otoño o cuelgan durante todo el año como medios platos del tronco.

A menudo, el árbol puede seguir viviendo varios decenios con la mitad medianamente sana que le queda. Claro que en ese tiempo continúa perdiendo base de sustento y se debilita cada vez más.

Los hilos de los hongos que ascienden por el tronco descomponen la madera y hacen que la estática del árbol se tambalee. El siguiente temporal fuerte ataca las partes podridas y acaba rompiendo partes de la copa o directamente el tronco entero.

Sin embargo, esto no quiere decir que los árboles se rindan, ni mucho menos. Conozco una vieja haya portentosa a la que hace unos 25 años un huracán le partió la copa a diez metros de altura. Los hongos habían destruido el tronco de 50 centímetros de grosor hasta el punto de que sólo quedaba un estrecho puente de corteza, de unos cinco centímetros de ancho, entre las raíces y las dos o tres ramas que quedaban arriba. A pesar de los veranos secos, hasta ahora el árbol no ha capitulado; en el momento de escribir estas líneas, sigue vivo.

Y cuando un día se apague del todo, ese enorme cuerpo albergará a miles de especies de microorganismos, será un verdadero buque insignia de la biodiversidad. El humus generado por los nuevos habitantes aportará los nutrientes para la siguiente generación arbórea; además, gran parte del carbono que contiene la madera permanecerá duraderamente en el suelo y por tanto ahorrará a la atmósfera cierta cantidad de gases de efecto invernadero.

Resulta muy emotivo ver lo que sucede cuando muere uno de los miembros de una pareja de árboles muy unidos. El superviviente sigue cuidando del tocón que queda del otro, que a veces todavía da señales de vida. A través de los tenues contactos entre raíces se suministran azúcares y nutrientes, de modo que el residuo indigente del árbol muerto puede seguir viviendo hasta 200 años más. Durante un paseo por un bosque de frondosas podemos fijarnos en pequeños detalles: lo que parece ser una piedra cubierta de musgo es a veces un mísero resto todavía vivo de un tocón que antes había sido un árbol majestuoso. Y en alguna ocasión muy poco frecuente ocurre un pequeño milagro: tras un interminable período de desespero, durante el cual el otro miembro de la pareja ha suministrado fielmente algunos nutrientes, de un ojo dormido sale de pronto un vástago. El tocón se convierte en árbol, aunque en sentido estricto es el viejo que renace a una nueva vida.

Plusmarcas de vejez

La edad máxima que alcanzan los árboles no sólo depende de la especie, sino también de la actitud. Mientras que los animales en cautiverio viven más tiempo que en estado salvaje, porque siempre tienen a su disposición a un veterinario y alimentación óptima, en el caso de los árboles sucede justo lo contrario. Cuando les faltan los progenitores y el suelo no tiene la acostumbrada estructura forestal, la esperanza de vida disminuye drásticamente. A pesar de ello, los árboles del bosque pueden vivir durante varios siglos en el jardín o el parque.

Hay un grupo de árboles a los que no les importa hallarse detrás de nuestra casa o en plena naturaleza: los luminosos (o nidífugos), como por ejemplo los sauces y los abedules, prescinden de los progenitores y del bosque, ya que de entrada dependen de sí mismos y por tanto también medran en parques y jardines. Claro que de todos modos no llegan a muy viejos: al cabo de entre 100 y 150 años se acabó. No ocurre lo mismo con las especies de los bosques cerrados. Su vida está orientada a la lentitud, por lo que alcanzan una edad máxima de alrededor de 500 años.

Los famosos árboles milenarios que suelen aparecer en folletos turísticos no llegan normalmente ni a la mitad de esa edad. Claro que los que no son expertos no tienen la posibilidad de comprobarlo. Para contemplar ejemplares realmente viejos tenemos que viajar. Hasta hace poco, algunos pinos de Colorado norteamericanos se consideraban las plantas más antiguas del mundo. Bajo el cálido sol del sudoeste sólo crecen pocos milímetros al año. Con una edad máxima de más de 5000 años tenían asegurado el puesto en el *Libro Guinness de los récords.* Pero ahora han tenido que ceder el puesto, y nada menos que a favor de una picea. Ésta medraba modestamente en la provincia sueca de Dalarna y durante mucho tiempo nadie se fijó en ella. Hasta que unos científicos tomaron muestras de la madera de las raíces y las examinaron bajo la lupa. Para su sorpresa, constataron que el arbolito ya cuenta una edad increíble de 9550 años. Esto quiere decir que debió de germinar inmediatamente después de la última glaciación. Se calcula que en esa región habría una veintena más de árboles de más de 8000 años de edad.

El árbol muerto

En algún momento, toda vida se acaba, incluida la de los árboles. Los muchos años que pueden llegar a cumplir numerosas especies no sólo comportan ventajas. Recordemos: cuanto más tiempo viva una especie, tanto mayor es la distancia entre generaciones y tanto más lenta es la adaptación a los cambios del entorno. Si la generación de los progenitores dice adiós, ello no sólo se debe a fenómenos de desgaste, sino también a la disposición programada de «hacer sitio» para la descendencia. En los humanos son los llamados telómeros, en los extremos de los cromosomas, los que determinan nuestra esperanza de vida: con cada división celular, estas secciones se acortan un poco, hasta que se agotan. Ya no pueden producirse nuevas divisiones sin que surjan problemas, y por tanto tampoco ninguna reparación del organismo, de modo que éste muere.

La muerte cede el puesto a la siguiente generación, y ni los inventos médicos más sofisticados pueden reprogramar (gracias a Dios) este reloj biológico. De lo contrario, llegaría un día en que en nuestro planeta ya no habría sitio para tumbarse.

Con los árboles sucede algo parecido: cuando se rebasan ciertas dimensiones, comienza un proceso de putrefacción desde el interior que progresa cada vez más rápidamente, y en un momento dado alcanza al tejido nuevo que se crea cada año en el exterior del tronco. Las hojas se secan y se caen, las ramas mueren y la fiesta se acaba. Los descendientes que esperan con ansia, desde hace decenios, a la sombra de los progenitores, agradecen la súbita penetración de luz creciendo velozmente, pues entonces se trata de ocupar lo antes posible el espacio que queda libre.

Sin embargo, el gigante muerto no deja de prestar servicio: a lo largo de su vida ha extraído diversos nutrientes de la profundidad del suelo, nutrientes que ahora entrega paulatinamente, a medida que se descompone, a sus vástagos.

Todo el ecosistema forestal saca provecho de los troncos putrefactos. Miles de especies de insectos y hongos se abalanzan sobre la madera, y aunque todavía no se comprenden muchos procesos, se sabe que la estabilidad y salud de los árboles depende de la diversidad de especies. Un pequeño ejemplo para ilustrarlo: los bosques en los que abunda la madera muerta albergan toda clase de especies de aves, incluidos los pájaros carpinteros. Éstos se mantienen gracias a la rica oferta de alimentos, ya que la madera en descomposición alberga grandes cantidades de larvas de insectos. De paso, y como servicio especial, los carpinteros con plumas liberan también los troncos vivos de parásitos, tal como hacen los picabueyes que en África están al servicio de rinocerontes y elefantes. Si no hubiera madera muerta, ningún pájaro carpintero inspeccionaría probablemente los árboles vivos, que entonces tendrían que repeler el ataque con sus propias fuerzas.

Incluso los ejemplares tumbados por el viento mejoran las condiciones para sus descendientes, ya que sueltan la tierra hasta gran profundidad y facilitan así la penetración de las raíces. Al caer, levantan con el cepellón de raíces un montón de tierra que durante los años siguientes vuelve al suelo en forma de pequeños grumos, arrastrada por la lluvia o por efecto de las heladas. En este sustrato granuloso, las delicadas raíces de los descendientes se encuentran especialmente a gusto. Al cabo de siglos, cuando el árbol viejo ya está completamente descompuesto, queda un pequeño montoncito de tierra ovalado que atestigua aquel suceso.

Esta sucesión de hondonadas y pequeñas elevaciones es típica de las selvas vírgenes, fruto de numerosas generaciones de árboles y que con el tiempo se extiende sobre la totalidad del terreno.

El árbol en casa

Hay muchas cosas que son comunes a los jardines, los parques y los bosques, pero en los lugares en que no impera un microclima típicamente forestal, los árboles crecen en general de otra manera. Esto ocurre especialmente en los jardines particulares, aunque también en los parques con grandes distancias entre los árboles. Allí, éstos viven en un clima de campo abierto. El sol calienta el suelo mucho más, y también lo reseca más rápidamente, que en los bosques espesos y oscuros. El viento puede circular por debajo de las copas y llevarse en otoño las hojas caídas, que de lo contrario sirven, como cualquier montón de compost, para calentar el suelo y con él las raíces. Nuestro sentido del orden nos induce en muchos casos a liberar el césped de los coloridos tesoros caídos de las ramas. Confieso que yo también lo hago, no me gusta ver cómo nuestra hierba verde en el jardín queda convertida por las hojas de los árboles, que hacen de acolchado, en una capa de fango marrón. Recojo con el rastrillo al menos una parte de las hojas y las distribuyo al pie de los demás árboles. Sin embargo, al menos los árboles que se hallan sobre el césped sufren algo la falta de humus. Los componentes del humus, concretamente los excrementos de las lombrices, son, por cierto, el principal medio de acumulación de agua que hay en el suelo, de manera que mi actividad agrava un poco más el problema de la escasez de agua para los árboles. Pero esto no es todo lo que estresa a los árboles en un jardín moderno.

Retrato: el manzano

Nuestra manzana de cultivo *(Malus)* proviene de la manzana silvestre. Aún no ha sido posible dilucidar cuál fue la forma original, si asiática o europea. A pesar de ello, nuestra manzana silvestre europea *(Malus sylvestris)* está presente con cierta parte genética en las variedades cultivadas. Para comprender mejor a nuestros manzanos del jardín, conviene que examinemos la forma silvestre.

El manzano silvestre europeo es un típico representante de los bordes forestales y las estepas. Esto lo revelan sus ramas laterales con los extremos en forma de pinchos, con los que se defienden de los animales herbívoros. Su escasa altura máxima, que se sitúa entre los 10 y los 15 metros, en el bosque cerrado no puede competir con el haya, el roble o la picea. Al manzano le gustan la cercanía de los ríos y arroyos, los matorrales soleados o las praderas cubiertas de hierba. Lo malo es que estos lugares también son muy estimados por nosotros, los humanos, de manera que el manzano silvestre europeo casi ha desaparecido. O incluso totalmente, ya que los pólenes de nuestras variedades cultivadas, que las eficaces abejas transmiten también a los árboles silvestres, han dado lugar a una mezcla de genes. Por este motivo es posible que ya no existan manzanos silvestres europeos de pura raza. Un destino que comparten con ellos los perales silvestres.

No es posible considerar una especie arbórea aisladamente, ya que siempre viene acompañada de todo un séquito de insectos, hongos y bacterias, muchos de los cuales hasta hoy apenas se han investigado. Y podemos hacer algo por ese séquito, ya que a esos microorganismos seguramente les da lo mismo si medran bajo un manzano silvestre o bajo cualquier otra variedad de cultivo. Aunque en todo manzano no quede más que una débil rémora de la forma original silvestre, cualquier ejemplar, sea golden delicious o reinetas, es un pequeño refugio para esas comunidades.

La plantación

Si nos remontamos a la infancia de un árbol civilizado, veremos que su vida comienza en un vivero. Allí todo ha de ir muy rápido, no en vano el tiempo es oro. Entre la semilla y la planta comercializable no deben transcurrir más de dos o tres años. Así que les dan a las plantitas una tierra muy abonada, y al igual que un deportista que hace trampa, con esta ducha de minerales están verdaderamente dopadas. Y lo que en aquéllos son los músculos, en los planteles son los tallos largos y rebosantes de fuerza. Seamos sinceros: ¿quién no elegiría, entre dos plantas de la misma edad, la más grande? Sin embargo, el vivero tiene además otro problema. Cualquier árbol hinca primero su raíz en la profundidad del suelo antes de crecer en altura. A medida que el tronco asciende, las raíces también se extienden hacia los lados, al menos en el mismo radio que el que marca la copa. Por tanto, si compramos un manzano de varios metros de altura, el cepellón ocuparía más espacio que el que ofrece el maletero de un turismo. Imposible comercializar árboles de esas dimensiones. Y puesto que también se compra con los ojos, la respuesta a la pregunta de dónde se puede recortar es muy sencilla: en las raíces. Así que en el vivero se saca cada planta una vez al año del tiesto y se recorta por abajo (casi siempre a máquina), de manera que la raíz se ramifica justo debajo del tronco y forma la correspondiente cantidad de filamentos, que son importantes porque el árbol sólo puede beber a través de ellos. Si esto se practica durante varios años, el árbol acaba teniendo un cepellón compacto, pero de tamaño reducido, que cabe perfectamente en un tiesto. Durante el transporte a casa casi no se ensucia el maletero y el agujero que hay que cavar en el jardín tampoco se pasa de la raya. Todos contentos… menos el árbol. Debido a este tratamiento se muestra propenso al tambaleo y es preciso mantenerlo recto con ayuda de unos postes.

A la hora de plantarlo en su lugar definitivo, hay que proceder con mucho tacto. Porque si ahora retorcemos las raíces, mantendrán la dirección de crecimiento. Este riesgo se da sobre todo en el caso de las plantas que vienen con la raíz desnuda, es decir, sin tierra. La consecuencia de un aplanamiento unilateral es el crecimiento hacia un único lado, que restará estabilidad al árbol. A menudo es un fuerte temporal al cabo de décadas el que delata los errores de la plantación. Por tanto, hemos de colocar las raíces conforme a su dirección de crecimiento natural y verter tierra suelta entre ellas antes de llenar el agujero. Cuanto más tiempo dediquemos a la tarea y cuanto más cuidadosamente tratemos las raíces, tanto mejor crecerá el árbol hasta anclarse bien en el suelo.

De todos modos, por muchas precauciones que se tomen, una cosa ya no se podrá remediar: una vez recortada, la raíz ya no buscará la profundidad, sino que permanecerá entre los 30 y 40 centímetros superiores. Por lo tanto, si podemos elegir, lo mejor es criar el árbol a partir de una semilla en su lugar definitivo. Y si lo que se busca en un árbol tratado del centro de jardinería, es preferible elegir el más pequeño. Porque los ejemplares menores tienen muchas más raíces en proporción a la longitud del tronco. Además, se adaptan con más facilidad al nuevo emplazamiento y el porcentaje de fracasos es mucho menor. Ya sé que es muy bonito plantar directamente un arbolito hasta cierto punto hecho y derecho. Pero paciencia. Los pequeños nos lo agradecen creciendo más rápidamente y por lo general al cabo de cinco años ya han alcanzado a sus hermanos mayores, y además están más sanos y son más estables.

El sótano

Así que ahí lo tenemos, el nuevo árbol. Que penetra con sus raíces en el suelo. En el bosque, éste último está suelto, bien aireado y templado, siempre agradablemente húmedo, pero sin agua encharcada, y ofrece siempre suficientes nutrientes. El jardín, en cambio, es en primer lugar un refugio para nosotros, los humanos. Y con un peso de 50 a 150 kilogramos por persona, compactamos cada vez que pasamos sobre el césped la estructura grumosa del terreno, que se vuelve duro como un tablón. Además, muchas zonas urbanizadas se hallan sobre antiguos campos de cultivo, que debido a la labor con máquinas, aunque también al arado con caballos o bueyes en tiempos remotos, presentan capas compactadas. Según el grado de dureza y el tipo de suelo, este terreno pisado y repisado forma como una barrera que no deja pasar el agua ni el aire. Y por consiguiente tampoco las raíces, ya que la mayoría de especies arbóreas no pueden medrar con escasez de oxígeno en el sótano. Esta clase de suelo se reconoce por el hecho de que después de una lluvia abundante el agua permanece encharcada en la superficie durante horas o incluso días.

¿Qué podemos hacer si nuestro jardín presenta este tipo de problema? Si lo que queremos es un árbol que nos dé sombra, que crezca a una altura imponente, lo recomendable es un roble o un abeto común. Estas especies son insensibles a los suelos problemáticos y también penetran con sus raíces en zonas en que escasea el oxígeno. Por esta razón, los temporales no suelen afectar mucho a estas dos especies.

Si se trata de otros tipos de árboles, como por ejemplo cerezos o perales, al menos podemos favorecer que se doten de un fuerte sistema radicular, que se extenderá hacia lo ancho para compensar la falta de profundidad. Los alcorques, formados alrededor de cada tronco con un radio equivalente como mínimo al de la copa, son de gran ayuda en este sentido. Cubiertos de compost, crean una capa rica en humus que retiene el agua y suministra nutrientes. Igual que en un bosque virgen. Podemos hacer que las raíces se extiendan todavía más ampliando el alcorque más allá del radio de la copa (*véase* el capítulo «Las raíces» en la pág. 35).

Un peligro adicional que acecha en el jardín se mitiga con ayuda de los alcorques cubiertos de compost: los ratoncillos. En el bosque, estos pequeños roedores son muy escasos, dado que en la penumbra bajo los árboles apenas hay vegetación en el suelo y los animales casi no tienen alimento. Debido a la falta de hierbas y matojos, la vida allí también está llena de riesgos; así, un cárabo puede ver a un ratoncillo sentado desde muy lejos y cazarlo al instante.

En el jardín con su minipradera, la cosa cambia. Donde hay mucha luz también hay mucha hierba, donde los ratones pueden esconderse fácilmente y comerse los arbolitos plantados sobre el césped.

En la hierba, los ratoncillos pueden esconderse fácilmente.

Y el jardín con las plantas compradas en un centro comercial es jauja para ellos. Las raíces de frutales o setos, impregnadas de abono de nitrato, les gustan a los roedores tanto como las jugosas zanahorias. ¡Qué decepción, cuando el arbolito recién adquirido no brota en primavera y lo sacamos del suelo sin esfuerzo, simplemente tirando suavemente del tronquillo! Allí donde tenían que estar las raíces ya no queda más que un muñón roído.

Por tanto, pongamos dificultades a estos aguafiestas y facilitemos la tarea a sus predadores. Un césped bien cortado, anchos alcorques (sin vegetación), esto no les gusta a los ratoncillos. De este modo, el árbol consigue la ventaja necesaria para superar los primeros años difíciles.

Sobrecarga

Algunos árboles moribundos en el jardín deberían llevar colgado el siguiente letrero: Cerrado por sobrecarga. Por desgracia, no se trata de una empresa de éxito, sino todo lo contrario. Vayamos por partes.

Algún que otro propietario de un jardín se hace construir una nueva terraza, o una piscina, o aterraza un talud. Los movimientos de tierras que remodelan el terreno generan un problema: ¿dónde depositar todo el material excavado? Contratar a una empresa de vertidos especializada resulta caro y a nadie le agrada desprenderse de la tierra adquirida con esfuerzo, aunque sólo sean unos pocos cientos de kilogramos. Solución: se vierte la tierra sobrante bajo los árboles. Después se aplana todo perfectamente y se siembra un nuevo césped, y ya tenemos otra vez el jardín reluciente. Claro que el árbol, al que le han vertido montones de tierra a los pies sin pedir permiso, ya no está tan contento. Porque le cuesta adaptarse a la nueva situación. Una parte del tronco se halla ahora debajo de la superficie, recibe continuamente agua de riego y poco aire. Peor todavía lo tienen las raíces, ya que la nueva capa de tierra obtura los canales de aire que han cavado las lombrices a lo largo de los decenios.

La combinación de humedad alrededor del tronco y escasez de oxígeno tiene consecuencias que se ponen de manifiesto con los años: la copa languidece. Hojas más pequeñas, ramas secas, corteza abierta un poco por encima del suelo; se ve que el árbol no se encuentra bien. La causa radica en una putrefacción progresiva que puede acabar con la vida del árbol.

No todas las especies arbóreas son sensibles. Las hayas y otras especies de corteza fina sufren especialmente con el amontonamiento de tierra, mientras que los sauces, los chopos o los alisos, que soportan también mejor las inundaciones, son más robustos.

Dos en uno

Ahora que ya sabemos lo suficiente sobre el «sótano», examinemos las plantas superiores, es decir, el árbol propiamente dicho. El clima de campo abierto, propio del jardín, favorece sobre todo a los nidífugos, o sea, a los abedules, los sauces o los cerezos. Allí crecen igual de bien que en plena naturaleza, del mismo modo que la mayoría de los frutales, como manzanos, perales o ciruelos, que no son amantes del bosque. Su «carácter estepario» se pone de manifiesto en la variedad silvestre: las ramas están dotadas de púas, que sirven para defenderse de los grandes herbívoros, que en el bosque escasean. Las especies de campo abierto se sienten muy a gusto en el jardín, donde pueden alcanzar su límite de edad natural.

Sin embargo, con los frutales hibridados ya no ocurre lo mismo. Son seres artificiales obtenidos del cruce de dos especies. El método es algo así como colocarle a un gorila la cabeza de un orangután. Recuerda un poco a Frankenstein, ¿no? El llamado pie, es decir, el árbol portador, en el que se inserta el injerto, un trozo de rama de la especie deseada, puede ser, para las peras, un membrillero, un peral silvestre o un serbal. Para las cerezas, los pies cultivados (entre los que se encuentra, por ejemplo, el cerezo estepario chino) tienen nombres tan curiosos como «GiSelA 5» o «Weiroot n.º 158». A veces no es más que la variedad silvestre la que sirve de percha para la cultivada.

Con cada injerto, una ramita se convierte en un frutal productivo.

La reproducción mediante injertos hace que el árbol de partida alcance prácticamente la inmortalidad. Al fin y al cabo, todos los ejemplares de una categoría, como la «ciruela de Metz», proceden de un único árbol original, que en forma de los injertos repartidos adquiere un tamaño increíble (con presencia en todo el mundo). Con cada injerto, cada rama se convierte en un nuevo árbol, prolongando la vida del árbol original durante varias décadas más.

Todos los árboles, por no decir todos los seres vivos de la Tierra, aspiran a imponerse en la lucha de la evolución y a transmitir sus genes a lo largo de muchas generaciones. Bien mirado, los frutales son especialmente exitosos; a través de su «cebo», que son los frutos, consiguen que nos ocupemos de su propagación. Desde este punto de vista, la comparación con Frankenstein es un poco demasiado dura (y por tanto la retiro).

El hecho de que todos los árboles de una variedad de fruta sean en realidad un árbol común repercute en la fructificación. La mayoría de las variedades necesitan un segundo árbol en la proximidad para asegurar una correcta polinización de las flores y por tanto un buen rendimiento.

Conviene que el segundo árbol no sea de la misma variedad, ya que el ejemplar vecino en realidad no es más que una prolongación del primero. Por esta razón, en las etiquetas sujetas al tronco figuran a menudo datos de otras variedades polinizadoras que florecen al mismo tiempo.

El pie es el agujero de la aguja del injerto, o sea, del futuro frutal. Los que son débiles frenan el crecimiento de todo el árbol y hacen que el manzano, el peral, el cerezo y el ciruelo no se expandan demasiado y quiten el sol a los bancales de flores. Si queremos tener un árbol fuerte, que soporte incluso una hamaca o un columpio, lo mejor es elegir uno de tronco largo con un pie de crecimiento sólido.

A veces, el pie y el injerto no acaban de casar.

Sin embargo, a veces parece haber discrepancias entre el pie y la parte superior, es decir, un crecimiento diferenciado. Esto se detecta en los árboles viejos, en los que el tronco se vuelve notablemente más grueso al comienzo de la copa, sin ninguna transición. En este punto, el árbol puede quebrarse debido al recorrido irregular de las fibras.

En los ejemplares en que el injerto se ha insertado a tan sólo unos centímetros por encima de la raíz, se puede producir una especie de fuga de prisión. Precisamente los árboles arbustivos suelen plantarse sobre pies de crecimiento débil para asegurar un crecimiento limitado y compacto, lo cual resulta ideal para jardines con poco espacio. Si entonces se planta uno de estos arbolitos muy cerca del suelo, el injerto puede desarrollar raíces nuevas desde la corteza. De este modo podrá cortocircuitar el pie y crecer tan rápidamente como quiera. Un árbol arbustivo puede convertirse así, con los años, en un gigante de tronco largo. Si queremos evitarlo, debemos asegurarnos de que el punto del injerto se halle siempre por encima del suelo.

El método del injerto es posiblemente la razón por la que los frutales no viven por lo general más de varias decenas de años. Muy pocos alcanzan la centena, como es el caso de las variedades silvestres. Las ramas injertadas pertenecen a un árbol mucho más viejo, cuyo reloj vital prácticamente no puede prolongarse sobre el nuevo pie.

Hablemos ahora del grupo de los nidífugos. Todos ellos son muy adecuados para el jardín. Un espacio abierto sin una fuerte competencia de especies de bosques vírgenes es para estos llaneros solitarios el terreno ideal. Abedules, sauces, cerezos silvestres o chopos crecen ahí igual que en la pradera, sólo que pueden alcanzar por ello alturas de 25 metros o más. Un problema radica, según el tamaño del jardín, en los últimos años de vida del árbol, porque la despedida del gigante no suele darse en forma de muerte lenta y la subsiguiente descomposición de las ramas y del tronco, sino en medio de un temporal, puesto que los árboles viejos suelen estar podridos por dentro y pierden estabilidad.

La cosa cambia mucho en el caso de los verdaderos árboles de bosque. Tanto el haya como el arce o el abeto encuentran en el jardín unas condiciones insólitas. Ni el árbol progenitor frena con su sombra su crecimiento juvenil, ni existen tenues contactos a través de las raíces por los que reciben una solución azucarada en tiempos de crisis; podemos decir que los árboles de bosque jóvenes crecen en los jardines siendo huérfanos. Tampoco es muy grave, a pesar de todo pueden llegar a ser árboles vistosos.

Al principio, el desarrollo es muy rápido, ya que el tiempo de espera previsto para la fase juvenil, que a menudo dura más de un siglo, desaparece por completo. Así que el árbol joven acelera a fondo desde el momento en que lo plantan. En el bosque virgen sólo podría formar la copa cuando después de ascender lentamente entre los adultos llega un día que en recibe luz suficiente. El árbol de jardín recibe los rayos solares desde que es pequeño, de modo que comienza muy pronto a desarrollar fuertes ramas. La consecuencia de ello es doble: por un lado, los árboles de bosque no alcanzan en el jardín la altura natural porque, por así decirlo, les falta la parte intermedia del tronco. Estos árboles no se ven forzados a estirarse, pues ya pueden formar la copa apenas han ascendido unos metros. Por otro lado, no alcanzan del todo la edad de que pueden alardear sus colegas, pues se han saltado el período de espera de la juventud. Debido al rápido crecimiento en la etapa juvenil, en el interior del tronco proliferan las grandes células de madera con el correspondiente volumen de aire. Esto favorece los ataques de hongos (que precisan aire para desarrollarse), de modo que los árboles de jardín corren más peligro de pudrirse algún día. A pesar de ello, los árboles de bosque también pueden vivir en el jardín, siempre que reciban un trato cuidadoso, durante varios siglos.

La poda

Los árboles pueden crecer mucho. Esto tal vez parezca una perogrullada, pero por lo visto los propietarios de jardines no suelen tenerlo en cuenta. ¿Cómo explicarnos si no las costosas operaciones en las que alguna empresa especializada tiene que venir a talar un árbol de Navidad plantado 30 años antes con su cepellón porque mientras ha crecido tanto que la casa no recibe ya los rayos del sol? También los ejemplares de otras especies, plantados en el jardín por su frondosidad o sus sabrosos frutos, se extienden con los años más de lo previsto y ocupan espacios que en realidad estaban destinados a césped o parterres.

Para evitar una poda severa después de un tiempo, conviene informarse bien sobre el tamaño que puede alcanzar el árbol que se quiere plantar. Y por mucho que nos cueste, si el espacio del que disponemos no es suficiente, lo mejor es optar por una variedad más pequeña. Porque la poda de ramas gruesas en árboles adultos o el recorte de la copa comporta los siguientes problemas:

Al aserrar una rama se cortan los conductos del árbol, y además en sentido transversal a la dirección de las fibras. Con ello penetra el aire en los tubitos, y a semejanza de una embolia en los humanos, el tejido circundante se colapsa y muere. El cámbium que rodea el lugar del corte también se ve perjudicado, ya que se seca y acaba muriendo. De este modo, la herida se extiende más allá del lugar de corte propiamente dicho. El árbol intenta entonces proteger la madera lo antes posible, para impedir que penetre aire –y los hongos que le siguen– en el interior del tronco. Si el muñón de la rama no mide más de cinco centímetros de diámetro, en general consigue tapar la herida y cubrirla de corteza. Con esto se interrumpe de nuevo la entrada de aire y el tejido se impregna de savia. Los hongos no pueden crecer sin aire, de manera que mueren. Entonces, el árbol puede aislar la zona de la herida y seguir creciendo sin problemas.

Sin embargo, si el muñón es más grande, entonces los hongos pueden penetrar más profundamente en el tronco. En la zona de los anillos anuales más antiguos, el tejido está desactivado, de manera que el árbol ya no puede defenderse. Además, el suministro de aire se mantiene durante más tiempo debido al mayor tamaño de la herida, de manera que los hongos no pierden al aliento y penetran cada vez más profundamente en el tronco, hasta ahuecarlo por completo.

La capacidad de curar las heridas varía mucho de una especie a otra. Así, en los sauces, los abedules o los frutales se ha alcanzado el límite con un muñón de cinco centímetros de diámetro, mientras que los robles, las hayas, los plátanos, los pinos o los alerces pueden superar sin problemas heridas de diez centímetros.

Si la herida es de consideración, en la que es probable que los hongos ganen la carrera, pueden estar en peligro nuestros bienes. Si estimamos la altura del árbol y trazamos un círculo alrededor del tronco con un radio equivalente a los metros de longitud de éste, podremos imaginar el peligro que supondría que un temporal tumbe un día al gigante podado. ¡Y la zona de peligro aumenta todos los años con la altura del árbol!

El sector de la jardinería ofrece para la poda toda clase de productos que protegen el muñón cortado de la penetración de hongos. Con diversas ceras y ungüentos se pretende cerrar herméticamente la herida y así se tiene la sensación de que el árbol está protegido. Craso error, como por desgracia se comprueba al cabo de varios años. Porque no habrán pasado ni diez minutos desde el corte y ya tendremos las primeras esporas en la herida, de modo que si los preparados citados han de ser eficaces, tienen que aplicarse inmediatamente después de la poda. Si lo hacemos horas o días después, podemos ahorrarnos el dinero de dichos productos. Por tanto, la aplicación tampoco conviene en las heridas antiguas, porque una vez que ha penetrado el hongo, el sellado con cera mantiene la humedad de la herida y permite a los gérmenes seguir creciendo sin problemas incluso en condiciones de sequía.

Incluso si se ha hecho todo correctamente y dentro de los diez minutos en cuestión, ello todavía no es garantía de una buena curación. Porque por mucho que se haya aplicado la cera como es debido, por efecto del sol y del frío llega un momento en que se agrietará. Ése es el momento en que los hongos pasan al ataque. De todos modos, estos productos tienen un efecto positivo: impiden que el cámbium alrededor del corte se seque y agrande la herida. Si se mantiene húmedo bajo la capa artificial, puede proceder de inmediato a la reparación de la lesión. Por tanto, la cera u otro producto similar se aplicará preferiblemente alrededor de la herida, en la transición entre la corteza y la madera, por un lado para proteger el cámbium, y por otro para dejar secar el resto de la superficie de corte. Esto perjudica a los hongos.

Claro que la mejor protección para un árbol pasa por no tocar las ramas gruesas y sanas.

Al podar el árbol no hay que dañar el anillo de entronque.

¿Qué hacer si resulta inevitable cortar una rama gruesa? La primera regla es que sea lo más delgada posible. Si se prevé que habrá que podar ramas, lo mejor no es esperar, sino actuar de inmediato. Cada año de aplazamiento hace que la rama engrose y por tanto que aumente el riesgo.

La segunda regla dice: no dañar nunca el anillo de entronque. Conviene que releamos la sección titulada «Anillo de entronque» en la página 85, para ver qué aspecto tiene. En caso de duda, aplicaremos el corte a algunos centímetros de distancia del punto de contacto de la rama con el tronco, de modo que el anillo permanezca intacto con seguridad.

La tercera regla se refiere a la ejecución del corte: debe evitarse a toda costa que se arranque corteza. Si aserramos una rama de arriba abajo, antes de separarse del todo cae hacia abajo y se lleva al caer un trozo de corteza, que a menudo se extiende hasta llegar al tronco. Con ello se daña también el anillo de entronque.

Para evitarlo, lo mejor es aserrar primero la rama un poco desde abajo, o por lo menos aplicar un corte en la corteza hasta tocar la madera. Al aserrar después por arriba, cuando cae la rama no arrastra ningún trozo de corteza. Si la rama es grande y pesada, la cortaremos por partes, empezando por la punta, a fin de evitar el efecto palanca y por tanto el peligro de dañar el anillo de entronque.

En cuarto lugar: utilicemos exclusivamente herramientas bien afiladas. Los muñones de ramas que no están cortados limpiamente, sino que están astillados o presentan fibras sueltas debido al uso de sierras o podaderas romas, son difíciles de cubrir para el árbol.

Por último, una advertencia sobre el momento de la poda: en la época en que más fluye la savia, o sea, en primavera, la poda es tabú. Se trata de los meses de marzo, abril y mayo, en los que el árbol no puede dedicar fuerzas a defenderse de los hongos, puesto que está preparando el brote de las hojas. Además, en este período el árbol «sangra» en el lugar del corte, es decir, pierde líquido por la herida, y esta humedad facilita el asentamiento de gérmenes patógenos. A menudo, la savia que sale se tiñe sobre la corteza de color negro, señal de que el lugar está invadido de hongos y bacterias.

En invierno conviene evitar las heladas. La mejor época para podar ramas es el verano, ya que entonces el árbol tiene tiempo y energía para curar la herida. Y sobre todo puede reaccionar de inmediato, cosa que con una poda en invierno no ocurre. Además, mediado el verano, el flujo de savia en las ramas pequeñas ya se ha reducido notablemente, de manera que las heridas no rezuman líquido.

El hecho de que a menudo se recomiende podar los frutales en invierno se debe exclusivamente a que una vez caídas las hojas es más fácil ver qué ramas impiden dar la forma adecuada a la copa.

Todo esto se refiere únicamente a las ramas vivas, y la cosa cambia si se trata de ramas muertas. En este último caso, ya no se arranca corteza ni sale savia de la herida que facilite la penetración de hongos. Además, el árbol ya está advertido y ha empezado a tomar medidas para protegerse. A pesar de todo, también conviene cortar las ramas muertas limpiamente (sin dañar el anillo de entronque), para que el árbol pueda cerrar la herida lo antes posible.

Un caso particular, al menos desde el punto de vista de los árboles, son los setos. Tanto si están formados por hayas o carpes como por abetos o tuyas, su bienestar se rige en principio por los mismos criterios que los de los ejemplares grandes. La diferencia está en que impedimos artificialmente que crezcan en altura podándolos una o dos veces al año. Si les diéramos rienda suelta y dejáramos de recortarlos, estas plantas podrían convertirse en todo momento en árboles hechos y derechos. Porque las especies más adecuadas para un seto, como el haya o el carpe, están acostumbradas en su lugar de origen, que es el bosque virgen, a largos tiempos de espera, de varias décadas de duración.

Los distintos rasgos de carácter dentro de cada especie se aprecian incluso en los árboles recortados. Si observamos en otoño el comienzo de la coloración o de la caída de las hojas, veremos que entre ellos también hay los temerosos y los valientes, igual que en los árboles grandes.

Sobre el mejor momento para el recorte de los setos existen muchas opiniones distintas. Desde el punto de vista de los arbolitos sólo puede haber una: si tiene que ser, mejor en verano. Porque entonces pueden los pequeñajos ocuparse de inmediato de las heridas y cicatrizarlas. A partir de mediados de agosto es el momento ideal, pues entonces los pájaros que anidan en ellos ya se han ido con sus crías.

Y si un día tenemos la posibilidad de dejar crecer a uno de los componentes del seto, ¡no hay problema! Gracias a su sistema radicular sobredimensionado, creado durante los muchos años de larga espera, el árbol seleccionado gana altura rápidamente y se convierte en un representante sano de su especie.

La poda de frutales

Todos los años, en otoño, muchas universidades populares y asociaciones de arboricultura ofrecen cursillos de poda de frutales. Dicen que esta práctica favorece la conservación de la salud de los árboles y el aumento del rendimiento. ¿Es correcta la ecuación «buena producción anual de fruta = árbol sano»? De entrada, la naturaleza parece desmentir esta tesis. Los ejemplares silvestres, con pocas excepciones, florecen tan sólo cada tres o cinco años, y con razón. Toda fructificación exige un esfuerzo descomunal, una cantidad de energía que hace falta para hacer crecer las ramas y las hojas y para defenderse de enfermedades. Tan sólo si se sienten mal, si debido a la amenaza de morir pronto quisieran reproducirse rápidamente una vez más, pueden acortar este ritmo. Así, la contaminación atmosférica y los perjuicios que comporta para los árboles del bosque es el motivo principal de su frecuente floración.

¿Quiere decir que el frutal se ve debilitado artificialmente por la poda? No es tan sencillo responder a esta pregunta, ya que depende de la particular situación de partida del árbol. Porque como ya se ha mencionado, se trata en realidad de seres artificiales, de ramas de la variedad deseada que se han injertado en un tronco ajeno. Un injerto de éstos en un pie ajeno ya no crece como un verdadero árbol, sino que se comporta como si fuera una rama de la copa. Se bifurca, crece hacia un lado y otro, y en el curso de los siguientes decenios apenas gana varios metros de altura. Además, las ramitas interiores, cuando están en la sombra de las exteriores, pierden las hojas y acaban muriendo. El árbol se vuelve senil, con lo que un manzano dejado a su libre albedrío se comporta igual que sus congéneres silvestres. Las ramas se extienden a un lado y otro y llega un momento en que en el punto más débil –entre el pie y el injerto– hace crac: la copa se desprende del tronco en la unión artificial. Esto no tiene por qué ocurrir en todos los casos, pero cuanto menos armonicen las dos partes del matrimonio forzado, cuanto más diverjan sus formas de crecer, tanto más fácil es que se produzca la desgracia.

La poda de los frutales tiene la finalidad de asegurar, a pesar de estas limitaciones, una estructura armoniosa y estable de la copa. Para ello se cortan las ramas que crecen con demasiado ímpetu y se aligera una y otra vez la copa. De este modo, ésta no sólo pierde peso, sino que también deja penetrar más luz a su interior, de modo que todas las ramas reciban suficientes rayos de sol y no mueran. Aparte de la pérdida de peso, esto también resulta más bonito, de manera que la poda tiene asimismo una vertiente estética.

Claro que la operación también tiene por objeto aumentar la producción. Puesto que los chupones largos que ascienden verticalmente apenas forman flores, se suelen favorecer las ramas no tan largas que crecen en sentido horizontal. Fruticultores impacientes incluso cuelgan pesos de los tallos verticales para obligarlos a horizontalizarse y florecer antes. Una forma extrema de diseño interesado del frutal es la que se basa en espalderas, que junto a las fachadas de las casas o a estructuras auxiliares recuerdan más a parras de uva que a árboles. En este caso, toda la figura se supedita al criterio de rendimiento y de facilidad de recolección de los frutos.

Volvamos a la pregunta de antes: ¿es buena la poda regular para los árboles? Si éstos hablaran, seguro que la respuesta sería ¡no! Las medidas de mantenimiento reducen el riesgo de que el árbol se rompa, pero sopesando todos los aspectos pienso que los frutales también se las arreglarían perfectamente sin nuestra intervención. Si la copa está vacía por dentro y las manzanas o peras cuelgan únicamente en el exterior y por tanto son difíciles de recolectar, si el árbol sólo produce fruta cada tres años, ¿le reservaríamos un espacio en nuestro jardín? La poda, que impide estos fenómenos indeseados, nos conviene sobre todo a nosotros, ya que conduce al árbol a donde queremos tenerlo. Éste es el precio, la entrada que han de pagar los manzanos, perales y demás para gozar de preferencia frente a otras especies.

Postes vivientes

¿Qué hay de más placentero que estar acostado en la hamaca y disfrutar del verano a la sombra de los árboles del jardín? Pero antes del placer hay que pensar en dónde colgar la hamaca. Los postes fijados con hormigón tienen la desventaja de que, si alguna vez queremos prescindir de ellos, retirarlos resulta bastante laborioso.

Si tenemos dos árboles situados a una distancia adecuada, podemos ahorrarnos todo ese trabajo. La hamaca se sujeta en un periquete y venga, a disfrutar de la visión de las copas de los árboles. ¡Pero cuidado!

Aunque uno no sea un peso pesado, es posible que el tronco se someta a cargas considerables. No es que pudiera tumbarse, al fin y al cabo durante un temporal actúan fuerzas sobre las raíces que equivalen a toneladas de peso, de manera que soportar una hamaca no es un problema. No, el riesgo es que se aplaste el delicado cámbium que se halla bajo la corteza y que se produzcan heridas que supuren y ello a su vez provoque podredumbre.

Si queremos utilizar nuestros árboles de postes vivientes, en primer lugar debemos calibrar la estabilidad de los troncos: no deben inclinarse, cuando nos acostamos en la hamaca, ni un centímetro. Después examinaremos la corteza: si es lisa, quiere decir que es demasiado delgada. Las cuerdas de sujeción de la hamaca aplastarían la corteza y dañarían al cámbium. En cambio, si la piel del árbol es rugosa y agrietada, quiere decir que soporta más presión. En todo caso, es aconsejable –y para árboles de corteza fina, indispensable– emplear cintas anchas de nailon, por ejemplo como las que se emplean para fijar objetos sobre la baca del coche o en el remolque. Dándoles varias vueltas alrededor del tronco y luego anudándolas, sirven para colgar el gancho de la hamaca y distribuyen el peso sobre una superficie más amplia. Pasado el verano, retiramos las cintas y en la primavera siguiente volvemos a fijarlas, para evitar que se integren en la corteza.

Algo similar haremos para sujetar un columpio. En lugar de fijar tornillos en una rama horizontal adecuada podemos enrollar dos cintas a una distancia adecuada y colgar de ellas la sujeción del columpio. Esto tiene la ventaja de que la rama elegida se mantenga incólume durante mucho tiempo y no se pudra, rompiéndose algún día cuando un usuario impetuoso del columpio ponga a prueba sus fuerzas.

Lo mismo cabe decir de las construcciones arbóreas, incluidas las escalas y las plataformas sobre las copas. Estas instalaciones de ocio parten del suelo y permiten contemplar el bosque a vista de pájaro. Si bien la idea no es mala, a menudo se realiza sin mucho criterio. Los gruesos cables de alambre están sujetos con una especie de abrazadera tubular directamente sobre el tronco, aunque casi siempre se emplean manguitos de madera formados por listones que se colocan debajo del cable para proteger la corteza. En ambos casos se producen lesiones a causa de la presión, dado que la base rígida no siempre se apoya uniformemente sobre el tronco, y por tanto la carga puede llegar a ser importante en una parte de la sujeción. Además, no todos los instaladores aflojan progresivamente los manguitos, que debido al aumento de grosor del árbol acaban siendo demasiado estrechos. Lo que ya resulta inaceptable es montar tales jardines colgantes en hayedos, pues la corteza lisa de estos árboles reacciona de inmediato con heridas que supuran.

Las escalas y plataformas mal colocadas, que por desgracia son muchas, dañan masivamente la zona del bosque utilizada. Al cabo de diez o veinte años, cuando ha pasado la moda, sólo quedan árboles heridos en cuyos troncos ya incide la podredumbre.

En este caso también sería preferible utilizar cintas textiles, pues éstas se enrollan flexiblemente sobre el tronco y las ramas, distribuyen uniformemente la carga y no se integran en la corteza siempre que se aflojen un poco todos los años.

El árbol junto a la casa

Qué romántico es un árbol viejo junto a la casa que nos protege del calor en verano, en cuyo ramaje juguetean las ardillas y cuyas hojas movidas por la brisa nos cantan una melodía tranquilizante al término de una larga jornada de trabajo. Alrededor de nuestra casa forestal hay viejos abedules, pinos y frutales de los que yo ya no quiero prescindir. A pesar de todo, hace tres años tuvimos que separarnos de uno de aquellos ejemplares, una imponente douglasia adulta. Mi predecesor había cometido el típico error de muchos propietarios de jardines y no tuvo en cuenta, al plantar el árbol, el tamaño que éste podía llegar a adquirir. A tanto sólo cuatro metros de la casa, las ramas del árbol de 60 años de edad acabaron cubriendo la mitad del tejado y soltaban todos los años grandes cantidades de acículas. Las canaletas del tejado se obstruían y se desbordaban cada vez que llovía a raudales, las tejas a la sombra se llenaban de musgo y cada vez había que proceder a una costosa limpieza del tejado. Además, los escalones de la entrada a la casa empezaron a agrietarse y levantarse, ya que las raíces, cada vez más potentes, buscaban espacio. Pero lo más problemático eran los temporales: cuando la enorme copa se doblaba por efecto del viento y el ramaje crujía amenazante, corría peligro la buhardilla, donde mi hija había asentado sus reales. No hubo más remedio que eliminar el árbol. Tenemos la suerte de que en nuestro solar la casa se halla a 50 metros de la calle, de modo que pudimos talar el árbol entero y la punta tocó el suelo a pocos centímetros antes de la linde del terreno.

Es espacios más pequeños, será preciso proceder a una complicada tala progresiva, para no dañar la valla ni la casa del vecino. Hay empresas especializadas en este tipo de intervenciones, por las que cobran precios de lujo.

Si queremos evitar estos problemas desde el principio, lo recomendable es plantar árboles por lo menos a una distancia suficiente para que, una vez desarrollada la copa, ésta no alcance hasta la casa. Incluso en este caso puede suceder que algunas raíces desperdigadas penetren hasta el cimiento. Si éste está consolidado u hormigonado, no puede suceder gran cosa. En cambio, en las casas antiguas con paredes maestras de piedra seca, es decir, no fijadas con hormigón, las raíces pueden causar daños al levantar las piedras y separarlas.

Es increíble hasta dónde pueden penetrar estos órganos de sujeción. Incluso perforan las juntas de estanquidad de las tuberías de alcantarillado y se extienden por las oscuras canalizaciones. En ellas, hacen las veces de cedazos y bloquean el paso de los objetos más gruesos, hasta que se el conducto se atasca. Dado que en las décadas pasadas muchos árboles se plantaron imprudentemente cerca de alcantarillas o incluso de conductos de gas, entre los expertos cunde una preocupación que crece cada vez más. Calculan que los costes de saneamiento derivados de la penetración de raíces de árboles ascenderán tan sólo en Alemania a más de 50.000 millones de euros.

Particularmente en las ciudades, este problema se debe a razones históricas. Antiguamente, las canalizaciones y conductos se tendían en el centro de la calle; los árboles se plantaban al borde de la calzada. Por razones de costes, después de la Segunda Guerra Mundial se decidió tender las instalaciones de abastecimiento bajo las aceras, justo donde tradicionalmente se hallan los árboles. Puesto que éstos tardan varias décadas para hacerse grandes, el problema de la penetración de raíces está apareciendo ahora con más intensidad. Los daños no se limitan a la obturación de tuberías, pues los árboles, para agarrarse bien al suelo con sus raíces, también abrazan rocas, y a falta de éstas, las instalaciones de abastecimiento.

Cuando un fuerte temporal sacude la copa y hace que se mueva a un lado y otro, el árbol absorbe las fuerzas con su sistema radicular. Si éste está sujeto a una tubería, es fácil que ésta se rompa, ya que las cargas que se producen al pie del tronco y por tanto también en las raíces puede superar, ante una fuerte ráfaga de viento, las cien toneladas. Está claro que las conducciones no están tendidas para soportar semejantes fuerzas.

Una vez producido el daño, hay que proceder a costosas excavaciones y reparaciones. Así las cosas, los propietarios de casas con jardín quieren ir sobre seguro y eliminar al causante del desastre. Si uno tiene varios árboles que pueden causar problemas, sería una lástima acabar con todos ellos. Tampoco es necesario, pues existen entidades –como la Universidad Albrecht-Ludwig de Friburgo– que por 200 euros analizan las muestras de raíces que han penetrado en los tubos dañados y determinan qué especie arbórea es la culpable.

Por tanto, lo importante es mantener las distancias o, si el jardín no es suficientemente grande, elegir alguna especie de menor crecimiento.

Si el niño ya se ha caído en el pozo, es decir, si ya hay un árbol viejo demasiado cerca de casa, lo que procede es observar minuciosamente. Veamos si hay pequeñas grietas en las paredes, elevaciones del suelo en el entorno o humedades en el sótano. Mientras no se detecte nada anómalo, es posible que el árbol sea de la versión pacífica y no se proponga atacar los cimientos de nuestro hogar. Pero si los indicios apuntan a un conflicto, lo suyo es separarse.

Retrato: el carpe

Este árbol *(Carpinus betulus)*, de la familia de los abedules, es un frondoso autóctono muy modesto: sobrevive en bosques con la poca luz que dejan pasar las grandes hayas o los robles. Esto le basta para vivir, pero no para desarrollar enormes troncos, de modo que los carpes siempre parecen un poco enclenques y jorobados. A pesar de ello, si se les deja pueden llegar a ser grandes árboles de hasta 25 metros de altura. Sin embargo, al igual que el abedul, apenas viven más de 120 años. Su modestia los convierte en el seto ideal: siempre hacen gala de una gran frondosidad, ya que sus ramas soportan la sombra, toleran el recorte anual sin rechistar y las hojas permanecen, al menos en parte, durante todo el invierno, aunque secas, en las ramas, de modo que el seto protege un poco de la vista del exterior incluso en las estaciones frías.

Podemos aplazar el adiós podando drásticamente el árbol. De este modo frenaremos su afán expansivo, ya que no podrá alimentar la totalidad de su sistema radicular y tendrá que prescindir de partes de éste. Mas ¡qué visión más triste! La copa está cercenada, y además ahora los hongos tendrán la oportunidad de colonizar al gigante. Con este método se ganan, en el mejor de los casos, de diez a veinte años.

Aún menos sirve el recorte de las raíces, como se observa a menudo en las obras de reparación en las calles. En este caso, podemos decir lo mismo que con la poda de ramas: si la herida mide más de cinco centímetros de diámetro, la consecuencia será una podredumbre en rápida progresión. Y a diferencia del recorte de la copa, el propietario ni siquiera se percata del rápido deterioro de la estabilidad del árbol. No aconsejo a nadie que asuma el riesgo de que un día el árbol amputado caiga sobre su tejado.

Sustituir a tiempo

Cuando uno tiene que separarse de un árbol que durante años ha marcado la panorámica y la atmósfera del jardín, no cabe duda de que se trata de algo muy sentido. ¡Y cuánto tiempo tarda el sustituto en crecer tanto como para llenar el hueco! Ésta es una de las razones por las que a algunos propietarios les resulta tan difícil eliminar un ejemplar problemático.

Existe un método para facilitar esta transición: hagamos como la selva e imitemos los procesos de la naturaleza. La mayoría de los árboles necesitan, para vivir una juventud despreocupada, la protección de sus mayores. ¿Qué mejor que plantar al sucesor junto al predecesor mientras este último todavía está en pie? Lógicamente, la distancia con respecto a la casa debería ser mayor si éste es el motivo de la separación prevista. Además, convendría sustituir el árbol viejo por una especie menos problemática, por ejemplo, un haya en vez de un abeto. Si el tamaño es el motivo de la separación, se puede optar por un cerezo silvestre. En el jardín no alcanzará más de 15 metros de altura, como cualquier frutal, y nos alegrará la vista con sus flores blancas y la vida con sus frutos rojos, que son muy sanos.

La plantación a la sombra de un árbol adulto funciona especialmente bien con los llamados árboles nidícolas, que son las especies propias de los bosques vírgenes. En nuestro jardín ya estamos dando una oportunidad a varias hayas jóvenes que plantamos hace tiempo bajo nuestros viejos abedules, que probablemente ya no vivan más de dos o tres decenios. Dichas hayas crecen con paciencia y lentitud bajo la protección de aquellos cuidadores, tal como lo harían también en estado silvestre. Al cabo de veinte años apenas han alcanzado una altura de unos cinco metros y se encuentran en compás de espera. Cuando un día uno de los viejos abedules muera de muerte natural, una de las hayas que están al acecho ocupará rápidamente el hueco.

Claro que esto no funciona igual de bien con todas las especies. Especialmente las rosáceas (cerezo silvestre y de cultivo y otros frutales), que son nidífugas, están entrenadas para crecer sin progenitores. La vida bajo piceas o abetos les resultaría demasiado oscura, aunque los abedules o los robles dejan pasar luz suficiente hasta el suelo para que podamos organizar la sucesión no traumática con estas especies. La condición de «lobo solitario» de los frutales es tan dominante que la siguiente generación en el mismo lugar no medra tan bien como la predecesora. Por esta razón no conviene plantar, por ejemplo, un nuevo manzano allí donde ya hubo uno.

Como un premio de lotería

Los árboles del jardín crecen con muy diversas limitaciones; el ejemplo más dramático es el seto –del que ya hemos hablado– con sus continuos recortes. Pero antes de que nos dé mala conciencia por negarle al árbol su libertad natural, he aquí algunas reflexiones sobre riesgos y oportunidades.

Los árboles producen todos los años entre varios miles (frutales) y más de 20 millones (chopos) de semillas. Para conservar la especie y la población, basta con que en el período de vida de un árbol sobreviva y crezca un único descendiente. Todos los demás frutos, que no son pocos, acaban en el estómago de animales o se convierten de nuevo en humus.

Hagamos un pequeño cálculo: multiplicamos la cantidad anual de semillas por el número de años de vida media de la especie correspondiente. El resultado refleja con precisión la probabilidad de que una semilla se convierta efectivamente, un día, en un árbol grande, puesto que cada árbol sólo precisa, desde el punto de vista puramente estadístico, un único sucesor. En el caso de los chopos, la probabilidad es de 1 entre 1000 millones; en el de las hayas, de 1 entre 1,7 millones; en el de los manzanos, de 1 entre 300.000.

La probabilidad que tienen los descendientes de un árbol de vivir la vida de un árbol madre es, por tanto, igual de grande (o reducida) que la que tenemos nosotros de que nos toque la lotería.

Las semillas que germinaron en nuestro jardín y dieron lugar a nuestros frutales, en la naturaleza silvestre lo más probable es que se hubieran podrido o hubieran sido digeridas, siempre que un animal se hubiera interesado por ellas. Al poner a su disposición un pequeño espacio en el jardín, apostamos por los arbolitos. Es como una lotería: aquí pueden crecer los vástagos, aquí apenas corren peligro. Aunque «sólo» sea un sitio en el seto, el carpe y compañía pueden sentirse ganadores. No todos pueden tener la combinación adecuada.

Clavos de cobre y otras leyendas

En el transcurso de los años han surgido diversas leyendas relativas al trato de damos a los árboles. Una de ellas no se refiere a los ejemplares propios, sino a los del vecino. Ya se trate de ramas que pasan por encima de la valla y ensombrecen los parterres, ya de la hojarasca que nos trae el viento otoñal: ¡el árbol del vecino molesta! Y cuando todas las propuestas de eliminar las ramas o de paso el tronco entero no dan fruto, lo suyo sería acudir al ayuntamiento o, si eso tampoco da resultado, a los tribunales. Por lo visto, para la mayoría esto es demasiado complicado. ¡Cuántas veces me han preguntado cómo se puede matar un árbol discretamente! Entonces es cuando se mencionan los famosos clavos de cobre. Clavando unos pocos en un lugar discreto del tronco, el problema queda resuelto. Al menos eso dicen. Lo cierto es que los árboles son muy sensibles al cobre.

La Universidad de Hohenheim ya ensayó en 1976 la reacción de varias especies arbóreas a los clavos de cobre. Resultado: los árboles siguieron creciendo alegremente. Es cierto que no soportan el cobre, pero tratan el clavo simplemente como cualquier otro cuerpo extraño y blindan el tejido circundante. Con ello neutralizan en cierto modo el clavo y el cobre no entra en la corriente de savia del árbol.

El segundo equívoco también tiene que ver con clavos. Si tenemos cajas nido en el jardín, es probable que alguien nos haya recomendado que las sujetemos con una clavija de alambre de aluminio. Incluso hay asociaciones protectoras de la naturaleza que lo aconsejan, pero si creen que los clavos de aluminio son menos dañinos para los árboles, están equivocados. Al árbol le da completamente igual si el material es hierro, acero, latón o aluminio. En realidad, la recomendación de utilizar aluminio se debe a la industria maderera, que quiere proteger sus motosierras. Porque un día esas sujeciones quedarán integradas en el tronco y desaparecerán de la vista. Si más tarde se tala el árbol y se aplica la sierra justo en el lugar en que se halla el clavo oculto en la madera, la cadena no resultará dañada, pues el aluminio es relativamente blando. En cambio, un clavo de acero dañaría la cadena hasta el punto de inutilizarla.

Es probable que el aprovechamiento posterior del árbol no sea una cuestión que se plantee en nuestro jardín, aunque si jugamos con la idea de utilizar alguna vez la madera de los frutales para calentar la casa, sin duda la mejor opción serán los clavos de aluminio.

La tercera leyenda se refiere al crecimiento espiraliforme, en el que las fibras de madera describen una espiral alrededor del centro del tronco. Este giro se hace visible en la corteza, y en casos extremos el tronco se asemeja entonces a una toalla que se gira entre las manos para escurrirla. Esta característica sólo se observa en árboles adultos, debido a que las desviaciones del recorrido de las fibras se suman con cada nuevo anillo anual.

Las fibras de madera que se enrollan como una espiral alrededor del tronco mejoran la estabilidad.

La leyenda afirma que los ejemplares espiraliformes se encuentran encima de vetas de agua o bajo la influencia de radiaciones telúricas. Tal vez ello se deba a que estas formas del tronco se ven muy poco en el bosque.

Las fibras de madera que se enrollan en forma de espiral alrededor del tronco tienen un efecto similar al de un muelle de acero: mejoran la flexibilidad del árbol, de manera que éste resiste mejor las rachas de viento sin romperse. Los árboles cuyas fibras van en línea recta de abajo arriba son fácilmente víctimas de los huracanes. No es extraño que en los millones de años de la evolución se hubiera impuesto el crecimiento espiraliforme.

Entonces vino el ser humano. De los troncos hizo tablones, y hete aquí que la madera procedente de los árboles espiraliformes se torcía al secar, de manera que los tablones no podían utilizarse. Por eso, los agentes forestales se dedican desde hace generaciones a detectar esa clase de árboles y a talarlos sistemáticamente, con la consecuencia de que éstos ya no pueden reproducirse. Generación tras generación, estos árboles desaparecen del bosque y hacen sitio a otros de tronco recto, que pueden aprovecharse sin problemas. Hasta ahora apenas se ha tenido en cuenta que las especies pierden con ello un importante factor de estabilidad.

En el jardín, en cambio, la forma del tronco desempeña un papel secundario. Observemos una vez viejos frutales u otros árboles de jardín o de parque, como por ejemplo los castaños de Indias: puesto que en su caso nunca se han seleccionado los de tronco recto, la mayoría de ellos han conservado la importante característica espiraliforme.

El tronco retorcido no tiene nada que ver, por tanto, con las radiaciones telúricas o las vetas de agua, sino que constituye una forma original no manipulada del tronco.

Increscencias

En el corazón de la Selva Negra se encuentra una enorme haya antigua. Está rodeada de un círculo de piedras y delante hay unos bancos que invitan a descansar un rato. Muchos turistas acuden todos los años a visitar a la gigantesca anciana, aunque no tanto para admirar la grandeza del árbol. Lo que los atrae es una figura de Jesucristo que, salvo la cabeza, se ha integrado completamente en el tronco. Hace unos cien años, alguien colgó la figura del árbol y ahí se quedó, en manos de la naturaleza.

Para conservar al Dios de Balz, como se llama hoy en día esta obra milagrosa, regularmente eliminan la madera con que el árbol pretende cubrir la cabeza, de manera que poco a poco la cicatriz del árbol ha ido adoptando la forma de un corazón alrededor de la figura. ¿Acaso no es emocionante?

Otro ejemplo: en nuestro jardín, el propietario anterior, que también era administrador forestal, sujetó una cuerda para colgar la ropa en un abedul y después ya no se ocupó más del árbol. A resultas de ello, con el tiempo la cuerda se ha integrado en el tronco, de modo que la parte que lo rodea ha desaparecido totalmente en su interior. Tan sólo asoma un pequeño trozo de cuerda, que es el que yo dejé al cortarla. En la corteza se ve una línea fina, por lo demás, el tronco parece completamente normal. ¿Esto también emociona?

Veamos qué implican estos procesos de increscencia para el árbol. Éste está anclado en el suelo, no puede desplazarse. Lo cual puede parecer una perogrullada, pero tiene graves consecuencias: si en el transcurso de su vida se coloca algún otro elemento fijo junto a él, no puede esquivarlo. Peor todavía: puesto que el tronco se vuelve cada vez más grueso, llega un momento en que choca con el obstáculo. Como no puede dejar de crecer, su corteza y su sensible cámbium se comprimen cada vez más. Podemos suponer que esto le produce dolor al árbol. Hasta la picadura de un insecto genera reacciones de rechazo, y las rachas de viento fuerte que provocan pequeñas grietas en la madera llevan al árbol a reforzar el tronco. La compresión de la corteza a causa de un obstáculo es por lo menos igual de dolorosa. Y puesto que el árbol no tiene otra salida que engrosarse, el tronco crece por encima del cámbium aplastado y de la barrera. Si esta última no es demasiado grande, el tejido se cierra detrás de ella, puesto que el árbol intenta siempre conservar la forma redonda del tronco, dentro de lo posible. Esto lo hace para asegurar la continuidad de las fibras, interrumpida por el obstáculo. En esta parte del tronco, éste tiene un punto débil durante los próximos años, y el riesgo de ruptura sólo desaparece paulatinamente cuando el tronco ha crecido por encima del cuerpo extraño.

En el letrero informativo que hay junto al haya que ha integrado la imagen de Jesucristo se habla del dolor del hombre. En realidad, ocurre más bien lo contrario. Sería mejor que hablara del dolor del árbol.

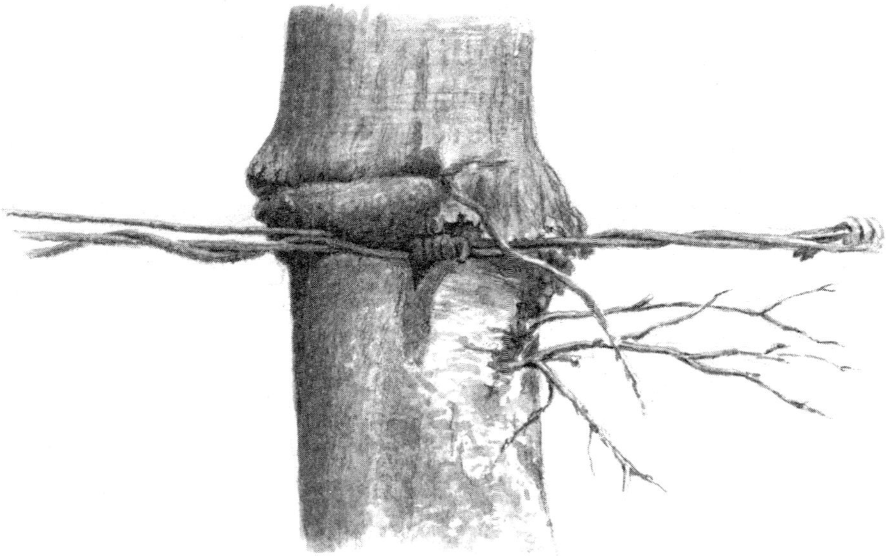

Especialmente despiadada es la práctica de clavar alambre de espino directamente al árbol.

En el mundo rural, donde confluyen bosques y campos de cultivo, se observa a menudo una práctica especialmente salvaje: con el fin de ahorrarse postes para la valla, hay quienes fijan el alambre de espino directamente a los árboles adyacentes. Cada vez que lo veo, esto me entristece y me enfurece, porque su sufrimiento es interminable. Es cierto que el alambre se integra complemente en el tronco por el lado en que está clavado a éste, pero con ello todavía no ha concluido el sufrimiento del árbol, ni mucho menos. Hacia los lados, el cuerpo extraño de acero se extiende, siguiendo la línea de la valla, hacia lo lejos, de modo que el árbol ya no tiene ninguna posibilidad de cubrirlo por completo de madera para poner fin al dolor y volver a la normalidad.

Retrato: el haya

El haya común *(Fagus sylvatica)* es el típico árbol forestal de Centroeuropa. Con su corteza de color gris plateado, que hasta la edad de 200 años permanece lisa, se distingue claramente de otras especies. Su hojarasca es excelente para los microorganismos del suelo, que producen un buen humus a los pies de esos gigantes, que pueden llegar a tener hasta 50 metros de altura. De este modo, incluso un suelo originalmente de mala calidad se vuelve con el tiempo muy fértil, retiene la humedad y facilita también el crecimiento de otras especies. Por eso el haya se ha ganado el cariñoso apodo de «madre del bosque».

Lo hayedos alcanzan al cabo de unos 500 años un equilibrio estable y a partir de entonces apenas cambian. De vez en cuando muere uno de los árboles viejos y deja sitio a uno de los descendientes, pero por lo demás prácticamente no ocurre nada. Si el ser humano no hubiera frenado su expansión a través de los desmontes, el haya habría seguido extendiéndose lentamente hacia el norte, conquistando actualmente el sur de Suecia. Es capaz de desplazar a otras especies, pues soporta bastante bien la penumbra, lo que le permite crecer bajo los competidores hasta que penetra a través de la copa de éstos y extiende sus ramas por encima de ellos, quitándoles la luz.

Los árboles jóvenes y viejos forman con sus raíces una verdadera red que sirve para el intercambio de información y de nutrientes. De ahí que los científicos piensen que los hayedos constituyen una especie de superorganismo. Y puesto que el haya es un buen árbol familiar, forma parte de las especies nidícolas, lo que significa que el plantón necesita la protección de la madre.

El árbol enfermo

Si quisiéramos enumerar o incluso describir las enfermedades de los árboles, llenaríamos una biblioteca entera. Además, a menudo no se trata de un único germen, un insecto o un hongo, sino una combinación de factores que desequilibran al gigante vegetal. Los científicos hablan en estos casos de una enfermedad compleja, que dicho en plata no significa otra cosa que «no acabamos de comprenderlo». Por esta razón apenas existen tratamientos disponibles para los árboles que cuidamos. A pesar de todo, no hay nada malo en saber cómo se encuentran.

En principio, cualquier árbol se halla en un estado de equilibrio de fuerzas. Dedica una parte de su energía al crecimiento y la procreación, mientras que la otra parte sirve para defenderse de enfermedades. Este equilibrio lo podemos alterar, aunque sea sin querer: por ejemplo, si eliminamos a un competidor o abonamos el suelo alrededor del árbol para que crezca más, invertirá una parte desproporcionada de la energía en crecer hacia arriba (o sacar muchas flores) y tendrá, por tanto, menos reservas para repeler infecciones. De ahí que siempre sea posible que precisamente las medidas encaminadas a ayudarle, en realidad lo debilitan. Por ello es aconsejable acometer los cambios siempre con prudencia. Es mejor, por ejemplo, abonar el suelo regularmente, pero con poca cantidad, o eliminar la competencia de otros árboles paulatinamente, talando tan sólo uno de los árboles vecinos o siquiera algunas de sus ramas.

Sed

Claro que la sed no es una enfermedad, pero si no se cubren las necesidades de agua de un árbol, éste puede resultar tan debilitado que no sea capaz de resistir una invasión de organismos patógenos. Por consiguiente, la falta de agua es un problema serio para cualquier árbol, y normalmente se le ve en la cara.

El volumen total de precipitación no equivale a la cantidad de agua que hay disponible para el árbol. Cualquiera que se haya resguardado de la lluvia bajo un árbol habrá observado que hasta que empieza a gotear a través del techo de hojas pasa bastante tiempo. Hasta ese momento, el árbol no aprovecha la lluvia que cae, ya que gran parte del agua queda retenida por las hojas o acículas y se evapora con los primeros rayos de sol. Sólo una precipitación sostenida o un chaparrón especialmente intenso penetran hasta el suelo. Si allí abajo hay hierbas, éstas retienen a su vez una parte del agua, hasta que por fin el excedente de agua puede humedecer la tierra. Esta pérdida por interceptación puede alcanzar hasta un 40 %. Para canalizar el agua sobrante hacia las propias raíces, algunas especies, como el haya, tienen las ramas muy inclinadas hacia arriba y guían los chorros hacia el tronco y después al suelo. A veces baja tal cantidad de agua que al pie del tronco se forma espuma.

A menudo, las precipitaciones del verano no bastan para calmar la sed. Entonces se trata de recurrir a las reservas formadas durante el invierno (cuando el árbol no consume agua).

¿Y si esto tampoco basta? Los árboles tienen un buen sistema de gestión del agua, mucho mejor que las hierbas. Mientras que los jardines y prados se resecan bajo el sol de verano, los árboles reducen drásticamente la tasa de evaporación cerrando las diminutas aberturas que hay en las hojas, que de este modo permanecen verdes. No obstante, si la ola de calor no cesa, será preciso adoptar medidas más contundentes: el árbol se desprende de una parte de las hojas. Por tanto, si después de un período de sequía empiezan a caer hojas, quiere decir que el árbol tiene mucha sed. Los siguientes síntomas nos indican que la caída de las hojas se debe a esta causa y no a una enfermedad: solamente una parte se vuelve amarilla (menos de la mitad), mientras que el resto conserva su color verde. Estos ejemplares amarillos caen al suelo y cuando vuelve a llover ya no caen más hojas. En cambio, los árboles que han acumulado en verano suficiente azúcar y deciden dar por concluida la temporada, adoptan un color otoñal en todas sus hojas (aunque nunca antes de finales de agosto).

Claro que, al desprenderse por necesidad de una parte de las hojas, el árbol se debilita (lo cual dará lugar a un anillo anual particularmente delgado), ya que para lo que queda del verano dispone de menos células solares. Pero al menos sigue vivo.

Los árboles pueden aprender a lo largo de los años cómo administrar adecuadamente el agua. Está demostrado que aquellos ejemplares que han vivido frecuentes sequías son mucho más austeros en el consumo de agua que los que viven alegremente al día. Por consiguiente, durante las sequías prolongadas mueren primero aquellos árboles que hasta entonces habían crecido en un suelo siempre abastecido de agua suficiente. En cambio, los magos de la sed, que administran cuidadosamente sus escasas reservas de agua, sobreviven durante años las sequías de meses sin mayores contratiempos. Los derrochadores, a su vez, quedan en ocasiones marcados de por vida. Especialmente en árboles que consumen mucha agua ocurre a menudo que el tronco se abre a lo largo de varios metros cuando el tiempo es muy seco. Lo que parece una grieta abierta por un rayo es en realidad la factura de la imprudencia del pasado.

Interrupción del flujo de savia

En los árboles se produce un constante flujo de mercancías: a través de la madera (de los anillos anuales exteriores) circulan agua y minerales hacia arriba, mientras que desde las hojas fluyen azúcares y otras delicias, a través de la capa interior de la corteza, hacia abajo, para alimentar las raíces y los hongos del sótano. Este transporte de vaivén explica asimismo por qué muchos árboles parcialmente descortezados no mueren más que al cabo de años. El método brutal, descrito en la página 77, consiste en retirar la corteza en un tramo alrededor de todo el tronco. Con ello no se interrumpe, como suponen muchos, el transporte de agua hacia las hojas, ya que éste se mantiene a través de la madera. Lo que ocurre es que las raíces dejan de recibir alimento y sólo pueden seguir bombeando agua mientras les queden reservas de nutrientes. Si hay cerca un árbol amigo de la misma especie, el afectado todavía podría salvarse. Necesita varios meses para cubrir con corteza nueva la parte interrumpida, y durante este tiempo recibe alimento de su vecino a través de las uniones entre raíces.

Sin embargo, cuando surgen problemas con el flujo de savia, la mayoría de las veces hay que buscar la causa en hongos o animales. Por norma, toda fuga de líquido a través de la corteza, sea agua o resina, es siempre un síntoma de una enfermedad o lesión, ya que en principio ningún árbol desea perder una parte de sus productos de fotosíntesis. Numerosos insectos estarían encantados de libar el jugo azucarado, pero unas sustancias repelentes en la corteza se lo impiden. Muchas coníferas ahogan literalmente a los invasores con resina, que sale disparada por el orificio de la picadura contra el molesto animalillo.

Un árbol enfermo y debilitado ya no puede mantener en pie esta defensa. Si sufre una invasión de escarabajos de la corteza sin defenderse, éstos envían una señal olorosa a sus congéneres, que acuden a centenares a participar en el festín y de este modo sellan el destino del árbol.

En las coníferas es fácil comprobar si el rechazo de una invasión ha dado resultado o no: si en la corteza aparecen pequeñas gotas de resina, quiere decir que el árbol ha abortado el ataque. En cambio, si se observan orificios milimétricos y chorritos de serrín sobre la corteza, en el 95 % de los casos está claro que el árbol está sentenciado.

Hojas mustias

Al pie de un árbol suelen escasear las hierbas jugosas, por lo que no es de extrañar que muchos animales se sirvan más arriba, siempre y cuando lleguen a la copa. Aparte de las vacas o los ciervos, que llegan como máximo a dos metros de altura, los que más se aprovechan son los buenos trepadores o los voladores. Por eso, el grueso de las especies que se dedican a comer en las copas de los árboles son insectos. Son especialmente llamativas las especies que forman agallas: sus larvas hacen que las hojas generen bonitas estructuras redondas o en forma de gotas, en cuyo interior la larva queda protegida y come a gusto. Se trata de mosquitos o avispas que se pasan la mayor parte de la vida dentro de una hoja. En cambio, si los artistas son ácaros, en las hojas aparecen pequeños granitos, a menudo de color rojo. ¿Nos resultan molestos? En todo caso, el árbol no se deja impresionar por los huéspedes no invitados y sigue creciendo alegremente.

Más problemáticos son los insectos del sector minero. Sus larvas son tan pequeñas y planas que crean en las hojas un verdadero sistema de galerías. De este modo, el árbol pierde una amplia superficie para la fotosíntesis. El ejemplo clásico es el minador del castaño de Indias, probablemente importado de Asia. Estos hambrientos devoradores no son peligrosos para un árbol sano, pero sí pueden debilitarlo y restarle defensas frente a otras enfermedades.

Los pirales del roble y de la encina maltratan más a los árboles. Aparte de las especies que le dan nombre, también ataca a representantes de otras especies. A veces, estos insectos voladores verdes ponen tantos huevos que las larvas acaban con las hojas de bosques enteros. La caída de los excrementos de millones de orugas suena como si estuviera lloviendo a raudales, aunque el espectáculo es menos agradable. El bosque atacado aparece entonces en junio tan desnudo como en invierno. Sin embargo, los árboles suelen volver a brotar y no resultan dañados para siempre. Tan sólo un anillo anual especialmente delgado le indica al usuario posterior del tronco que una vez se produjo un ataque masivo.

En cambio, si se marchitan todas las hojas o acículas al mismo tiempo, podemos estar seguros de que el fin es irreversible. Tanto da si los causantes son insectos u hongos, el síntoma descrito revela siempre el colapso de todos los sistemas de un árbol.

Ramas secas

Cuando un árbol crece en altura y forma arriba del todo nuevas ramas año tras año, oscurece al mismo tiempo las ramas inferiores y más viejas. Si éstas mueren, se trata de un proceso absolutamente normal, pero cuando son las ramas superiores las que se despiden, estamos ante una señal de alarma máxima. Ésta es la zona más viva, donde ronronea el motor del crecimiento. A diferencia de las ramas inferiores, que a menudo son bastante gruesas (pues ya llevan muchos años en el árbol), en el árbol enfermo son las ramas delgadas de la copa las primeras en secarse. Sólo cuando una rama gruesa se ha desprendido de este modo de todas las ramitas menores, se despide ella misma de este mundo. La presencia de ramas grandes muertas en la copa indica que el proceso ya está en marcha desde hace tiempo.

Precisamente los árboles frondosos reaccionan a menudo, al enfermar, con el sacrificio en toda regla de la parte más alta. Las ramas muertas de la punta se las lleva el siguiente vendaval, de manera que el árbol, aunque un poco más bajo, vuelve a tener un aspecto sano. Se trata, naturalmente, de una imagen engañosa, que oculta el verdadero estado del paciente. Al año siguiente se repite el juego: mueren ramas de lo alto de la copa y desaparecen con los temporales de invierno. A lo largo de décadas, la copa va perdiendo altura hasta que la proporción entre la copa y el tronco y las raíces está tan descompensada que el árbol muere de hambre.

La muerte de ramas delgadas de la parte alta puede deberse a causas diversas. Entre los árboles de jardín, el mal se halla a menudo en capas ocultas del suelo. Examinando el historial del solar podemos descifrar el problema: ¿han depositado alguna vez escombros o había otro edificio cuyos restos se cubrieron con tierras excavadas? En este caso, el árbol sufre un verdadero ataque cuando las raíces penetran en la capa de escombros. La presencia de materias tóxicas, espacios huecos o bloques de hormigón le impide seguir creciendo, y a medida que las raíces se encuentran con problemas, la copa se retrae, asustada, de la altura alcanzada.

De todos modos, la causa radica mucho más a menudo en la contaminación atmosférica. Paradójicamente, sus consecuencias afectan con especial intensidad a árboles situados en las llamadas zonas de aire puro. Esto se debe a que los gases de escape de los automóviles contienen óxidos de nitrógeno que bajo la radiación ultravioleta se descomponen en ozono, un gas tóxico que, a su vez, reacciona con los gases del tránsito rodado, de modo que se neutraliza en el mismo lugar en que ha sido generado. Cuando el viento traslada la contaminación a las zonas rurales, el ozono generado se mantiene estable durante días en ese aire limpio, donde daña las hojas y las ramitas más delicadas de las copas, que registran la contaminación como si fueran antenas. Cualquier árbol soporta unos pocos días de mucho ozono al año, pero las duchas continuas de ozono, que suelen darse sobre todo en los períodos de buen tiempo del verano, hacen que las partes superiores de las copas se marchiten prematuramente.

La muerte súbita de ramas gruesas sólo puede deberse a dos causas: o bien se ha producido una rotura (en cuyo caso cuelgan claramente hacia abajo), o bien el árbol está luchando contra una infección masiva.

En los frutales puede tratarse, por ejemplo, del «fuego bacteriano», una enfermedad introducida desde fuera, generada por bacterias. Las partes afectadas de manzanos o perales se mueren, las hojas se marchitan y se secan en las ramas encorvadas. Prácticamente no tiene remedio y el germen salta rápidamente de un árbol a otro. En todo caso, la única posibilidad de salvar el árbol pasa por la poda radical, por lo demás muy criticada.

Determinadas variedades son especialmente sensibles, mientras que otras parecen ser resistentes. ¿Variedades? Recordemos que cada frutal de una determinada variedad es parte de un único árbol originario, es un injerto procedente de la misma planta. Si, por ejemplo, la infección afecta preferentemente a la variedad de manzano cox orange, en sentido estricto enferma un único árbol cox orange con todas sus ramas injertadas en decenas de miles de pies. Ésta es precisamente la razón de su sensibilidad. Porque los árboles con sus largos procesos de procreación, con sus largas distancias entre una generación y otra, apuestan por una amplia dispersión genética. Y ésta ya no la tienen los manzanos debido al sistema de injerto, por el que pocos árboles pueblan territorios enteros, «estirados» artificialmente mediante la propagación de sus ramas injertadas. Cosa que se entiende, ya que el comprador desea saber exactamente cómo sabrá el fruto y cuál será la productividad del nuevo miembro del jardín. Claro que entre el pequeño número de árboles que, desde este punto de vista, todavía existen en la fruticultura, hay algunos resistentes, a los que el fuego bacteriano apenas puede dañar. Si antaño existían cientos de miles de manzanos y perales silvestres con un material genético igual de variado, entre las variedades criadas ya sólo se cuentan, en sentido estricto, unos pocos centenares. Tanto más importante es conservar la diversidad de variedades para poder responder en el futuro a cualquier sorpresa.

Cuanto menor sea la variedad de especies frutales,
tanto más pueden propagarse las enfermedades arbóreas.

Ésta es también mi recomendación personal: si el jardín es suficientemente grande, lo mejor es optar por una selección de los frutales más diversos. Puesto que todas las especies de frutales de pepita y de hueso forman parte de la familia de las rosáceas (y por tanto son sensibles a gérmenes patógenos similares), la selección debería incluir también nogales, castaños o árboles exóticos, pero robustos, como el banano de montaña *(Asimina triloba).*

Insolación

En principio, el sol no supone ningún peligro para los árboles, sino todo lo contrario, ya que sus rayos son para ellos lo que para nosotros es el pan de cada día.

Por otro lado, los árboles son seres flemáticos, reaccionan con extrema lentitud y no son amantes del cambio. Se instalan en el lugar que les ha tocado en suerte, lo consideran su hogar y esperan que las circunstancias no cambien. En un bosque virgen, esto sería lo normal, pero ésos ya no existen. Tanto en el jardín como en el bosque, en todas partes hay actividad humana, un fenómeno que los árboles no tenían previsto. De ahí que les pille por sorpresa si un día talan al vecino. Es posible que el propietario lo haga con buena intención, tratando de que el árbol que queda reciba más luz y tenga más espacio. Sin embargo, en realidad sus condiciones se deterioran, al menos temporalmente. Ahora se encuentra, como se pretendía, expuesto a pleno sol. Y sufre. Porque su piel, o sea, la corteza, no tolera la radiación ultravioleta no filtrada. Las secuelas son parecidas a las que padecen los turistas de piel blanca como la nieve que van del avión directamente a la playa y al caer la noche se acuestan con la piel quemada, incapaces de conciliar el sueño.

Sí, los árboles también sufren insolaciones. Puesto que la piel, es decir, la corteza, no cambia de color, sólo podemos establecer el diagnóstico cuando la corteza se desprende del tronco. ¡Ay! A diferencia de los humanos, los árboles tienen que gestionar las secuelas durante toda la vida, ya que la piel que se desprende destapa el sensible cuerpo leñoso, sobre el que se abalanzan de inmediato los hongos. Hasta que la herida vuelva a estar cubierta de corteza pasan a menudo decenios, y cuando al final está todo cicatrizado, la putrefacción continúa en el interior del tronco.

En general, los árboles no corren peligro de insolación. Si se encuentran desde el principio en campo abierto, forman una corteza particularmente dura, resistente a la radiación ultravioleta. Únicamente los frutales jóvenes están un poco reblandecidos, puesto que su pie (es decir, el soporte del injerto) se rompe a veces bajo el cálido sol de invierno.

Por esta razón hay quien encala el tronco, es decir, pinta la corteza con leche solar.

Con las hojas ocurre algo parecido. Cuando un árbol se halla a la sombra de otro, recibe mucha menos luz. En estas condiciones, la fronda no produce azúcares suficientes, por lo que el árbol desarrolla hojas o acículas de penumbra, que son mucho más delicadas y por tanto más sensibles a la luz. Estos árboles pueden sobrevivir incluso con un 3 % de luz residual, aunque sin apenas crecer (lo que se dice una vida en la sombra).

Si entonces exponemos a uno de estos ejemplares a la plena luz talando los árboles vecinos, la fronda se quema y se vuelve amarilla. Al árbol necesita unos tres años para recuperarse de este golpe formando hojas más robustas.

Por tanto, si queremos conceder más espacio a un árbol, conviene que procedamos paso a paso y con cuidado. Si se trata de eliminar varios ejemplares, talaremos primero uno, o tal vez tan sólo las ramas secundarias que molestan.

A medida que la luz aumenta paulatinamente, el árbol puede adaptarse poco a poco a la nueva situación y dotarse de hojas más resistentes y de una corteza más robusta.

Patas de elefante

Algún que otro árbol entrado en años comienza con el tiempo a hinchar el primer metro del tronco. El diámetro de esta parte aumenta con más rapidez que el resto, de manera que adquiere la forma de una botella. La causa de este extraño comportamiento radica en una carrera: hace años penetraron hongos a través de una herida o una rama muerta, y estos hongos están comiéndose el árbol por dentro. Si proliferan con mayor rapidez que la que alcanza el árbol para formar nuevos anillos anuales, llega un momento en que avanzan hasta la corteza y el árbol se resquebraja.

Sin embargo, nuestros gigantes vegetales no se rinden tan fácilmente. Notan que en su interior hay un huésped no invitado que amenaza su estabilidad y se dedican a aumentar de diámetro a todo trapo. En las zonas afectadas producen más madera, con la consecuencia de que en ellas los anillos anuales resultan mucho más gruesos. A menudo su esfuerzo vale la pena y se mantiene el equilibrio entre el avance de la putrefacción y la formación de madera sana. De este modo, el árbol se estabiliza, aunque al precio de ensancharse en la base del tronco.

La forma de botella indica que en el interior del tronco hay hongos activos.

Daños causados por el viento

Todavía me acuerdo bien del año 1990. A finales de febrero, dos profundas borrascas cruzaron Alemania. Yo estaba con gripe sentado en el sofá del salón y contemplaba por la ventana la riera que había delante de la casa que teníamos alquilada en aquel entonces, cuando una racha huracanada especialmente fuerte barrió la cresta del montículo de más arriba. En apenas un segundo, el único manzano que crecía junto al arroyo se plegó como un paraguas y cayó al suelo. Al mismo tiempo, en el lindero del bosque de más arriba se quebraban miles de pinos; una imagen espeluznante.

Nada se puede hacer contra estas fuerzas de la naturaleza, pero la mayoría de árboles resisten en principio los fuertes vientos. Sin embargo, entre caer al suelo y salir airoso hay toda una serie de estadios intermedios. La cuestión es únicamente saber qué lesiones puede soportar un árbol y cuáles no le dan a la larga ninguna posibilidad de sobrevivir.

Una consecuencia frecuente en los árboles de jardín es la rotura de grandes ramas. Aparte del hecho de que a partir de entonces al árbol le falta una parte considerable de la copa verde (y la cantidad correspondiente de azúcares), en el lugar de rotura penetran hongos. Si queremos ayudar al árbol a cicatrizar la herida, conviene aserrar el muñón de la rama caída de manera que quede liso y, por tanto, más reducido. Aunque falte la copa entera, esto no quiere decir que el árbol –según la especie– esté acabado. Especialmente las frondosas –pero también las tuyas, los alerces o las douglasias– sacan el verano siguiente nuevos brotes del tronco, que poco a poco pueden llegar a formar una copa, aunque de tamaño reducido. El motor de esta recuperación es el sistema radicular, que entonces es demasiado grande para lo poco que queda del árbol y dispone por tanto de muchas reservas excedentarias. Las posibilidades del árbol de sanar duraderamente dependen de la rapidez con que crezcan las nuevas ramas. Si la cosa avanza a buen ritmo, el árbol recuperará pronto la vitalidad y capacidad de resistencia, pero si no salen más que unas pocas ramitas del tronco, éstas no bastarán para alimentar el gran cuerpo de madera y las raíces. Entonces mueren partes de la corteza y se desprenden del tronco, abriendo la puerta a los hongos ávidos de colonizar la madera y la decadencia se vuelve imparable.

La única ventaja estriba en que el árbol acortado deja de ser un peligro en caso de caída, ya que el efecto de palanca se ha reducido significativamente. Por eso, si en nuestro jardín hay un árbol en este estado, conviene dejarlo tranquilamente en pie. Porque la pena de uno es el gozo de otro: muchos insectos, y con ellos las aves, tienen como espacio vital un árbol moribundo.

Otra secuela del temporal puede ser la inclinación del tronco. Para poder calibrarlo es preciso conocer bien todos los ejemplares del jardín, ya que algunos de por sí no son muy rectos. Si después de un fuerte vendaval un árbol permanece ladeado, aunque sea unos pocos centímetros, la cosa puede ser peligrosa, ya que es posible que una parte de las raíces hayan perdido contacto con el suelo. Para dilucidarlo basta dar una vuelta alrededor del árbol, rodeando el perímetro de la copa y pisando una y otra vez sobre la zona de las raíces. Si el suelo cede en algún lado algunos centímetros o de pronto parece especialmente blando, quiere decir que algunos anclajes se han soltado. Para evitar que en caso de caer dañe una casa o cualquier otra instalación, convendrá talarlo. Se podría objetar que al fin y al cabo el árbol ha resistido el fuerte temporal y por tanto no encierra ningún riesgo, pero eso sería un error: bastará que una racha de una dirección un poco distinta alcance la copa y el coloso tocado caerá estrepitosamente.

Si dentro del espacio de caída no hay objetos que puedan dañarse, podemos intentar salvarlo. Para ello es preciso aligerar la carga del tronco, o sea, cortar las ramas muy largas y gruesas de la copa que salen en la dirección de la inclinación. Siempre que no se corten cerca del tronco, el peligro de invasión de hongos es limitado. A veces basta recortar tan sólo algunos metros para aliviar decisivamente la carga. Puesto que esta operación es peligrosa, conviene encargarla a una empresa especializada. Los buenos arboricultores recortan la corona de manera que siga teniendo buen aspecto y además funcione perfectamente.

Esta medida ofrece al árbol muchos años para volver a enraizarse bien en el lado en que se ha soltado.

Todo intento de salvación resulta vano en el caso del último tipo de secuela: la rotura del tronco. Esto afecta a menudo a los troncos bifurcados o que han crecido en forma de banana, en los que el vendaval abre grietas de varios metros de longitud.

Los vientos huracanados suelen producirse durante el semestre invernal, cuando los árboles duermen tranquilamente. Si en este período se quiebra el tronco, el árbol sucumbe casi siempre durante el verano, cuando ha desarrollado toda su fronda y un buen chaparrón impregna las hojas de cientos de litros de agua. Entonces, el tronco dañado no soporta la carga y se parte hasta la raíz. Conviene evitar este riesgo en la proximidad de la vivienda, de modo que la rotura del tronco implica también el fin definitivo para un árbol de jardín.

Cáncer

El fantasma del cáncer también acecha a los árboles. Mientras que en los seres humanos son numerosos los factores desencadenantes, en los árboles la causa radica en los hongos en el 99 % de los casos. Sin embargo, en el reino vegetal el papel determinante lo desempeña también el historial individual. Un árbol equilibrado que cuenta con luz y espacio suficientes, cuyo entorno está intacto y cuyas raíces están ancladas en un suelo óptimo, difícilmente puede enfermar. Los hongos patógenos sólo pueden penetrar a través de las heridas y desarrollar su labor destructiva únicamente si el árbol no es capaz de cubrir de corteza y encapsular la zona infectada. Se trata de la ya comentada carrera que comienza con la llegada de los gérmenes patógenos.

La infección se inicia a menudo en otoño, cuando el árbol se apresta a hibernar y ya no tiene capacidad de respuesta. En la primavera se percata de la invasión y refuerza la formación de tejido alrededor de la herida. A veces, el hongo consigue pasar por encima de este tejido de cicatrización, de manera que el árbol se apresura a crear una segunda línea de defensa con nuevas proliferaciones de células. Si está debilitado, la operación se repite una y otra vez, con lo que a lo largo de los años se forma un enorme nódulo canceroso, en cuyo interior medra el hongo. La madera muestra un recorrido caótico de las fibras, y además en su interior ha comenzado a pudrirse. Muchas veces, la herida se humedece (en las coníferas se llena de resina) y revela la enfermedad desde lejos.

Los vientos huracanados son una amenaza sobre todo para las coníferas.

El hecho fatal para el árbol es la pérdida de estabilidad. El tumor canceroso es un punto débil, donde el tronco puede romperse bajo un viento fuerte, lo que supone el final de la vida del árbol.

En ocasiones, la tumoración comienza en una rama. En este caso conviene cortarla y quemarla para que no pueda llegar a infectar el tronco. Si de todos modos éste está afectado, es importante actuar de inmediato. Si conseguimos extirpar el tejido afectado, es posible que el árbol todavía logre cicatrizar la herida. Inmediatamente después del corte aplicaremos un sellador sobre la herida, para proteger el árbol de una podredumbre «normal». Sin embargo, si el cáncer ya ha crecido tanto que ha penetrado profundamente y el tumor abarca ya más de un tercio del diámetro del tronco, poca cosa podemos hacer para salvar el árbol. Conviene reforzar sus defensas dejando que las hojas caídas en otoño permanezcan a sus pies, regarlo en los períodos de sequía extrema y evitar la poda de ramas (salvo las partes infectadas). Llegará un día en que –si la herida sigue abierta y se humedece o si la podredumbre ha avanzado demasiado– por razones de seguridad será inevitable talar el árbol.

Sal contra el hielo

A pesar de que el clima esté cambiando y cada vez haga más calor, todavía hay de vez en cuando inviernos duros, con fuertes nevadas. Para mantener transitables las carreteras y caminos, en Alemania se vierten, en función del tiempo que haga, más de 3 millones de toneladas de sal. Esta sal, que se esparce con máquinas a un coste elevado, cae después en el «olvido». Cuando se derrite la nieve, la sal se disuelve y ya no es posible retirarla. Mientras las aguas del deshielo desemboquen en el alcantarillado, esto no supone ningún problema, puesto que el agua de lluvia diluye la sal suficientemente antes de que llegue a los ríos. Pero la sal que se esparce fuera de la carretera en taludes y arcenes, que cae sobre la vegetación con las salpicaduras producidas por los vehículos al pasar o contamina el suelo con el agua de deshielo que surca los caminos, constituye una amenaza para los árboles cercanos.

Para calibrar el peligro conviene que volvamos a hablar de las raíces. El tejido algodonoso de filamentos de hongos y raicillas absorbe la humedad porque en su interior existe una mayor concentración de sales nutrientes y solución azucarada que en el agua del suelo. Esta mayor concentración actúa como un imán y atrae el agua hasta el punto de que ésta atraviesa las paredes celulares y entra en las raíces. Si la sal esparcida enriquece excesivamente el agua del suelo, el proceso se invierte: las raíces pierden agua. Podemos observar este fenómeno en la cocina, donde la sal de mesa absorbe humedad hasta apelmazarse. El árbol tiene entonces un problema: se muere de sed. Si llueve mucho o el deshielo hace que llegue agua suficiente a las raíces, la salinidad se diluye, de manera que los procesos vuelven a normalizarse y el árbol se recupera. Pero si la cantidad de sal es excesiva, el árbol muere. Visto desde fuera, el daño causado por la sal se manifiesta con los mismos síntomas que la sequedad, y en sentido estricto se trata del mismo fenómeno. Las hojas y acículas se tornan amarillas el verano siguiente, las ramas menores se secan, y si el árbol logra sobrevivir, tiene un aspecto como si lo hubieran desplumado.

Si en nuestro jardín hay un árbol dentro de la zona de peligro y la primavera es seca, podemos evitar lo peor regándolo con la manguera, aunque lo mejor sería conseguir que en vez de sal se esparciera gravilla.

Peligros provocados por los humanos

Los seres humanos han explotado los bosques desde siempre. Ahora bien, en los últimos decenios, la presión, debido al aumento de la población, ha crecido tanto que la desaparición de los bosques vírgenes ya sólo parece una cuestión de tiempo. Además, alteramos el medio ambiente y el clima hasta tal punto que se produce un cambio radical de las condiciones de vida de los árboles.

Si nos ocupamos de estos seres, que nos acompañan en la vida y que viven muchos años, cabe preguntarse si podrán soportar mutaciones tan rápidas.

Caza

La caza es en los países de habla alemana una auténtica tragedia. ¡Y pensar que todo podría haber sido distinto! Para los revolucionarios del año 1848, la cuna de la democracia, uno de los objetivos era abolir el derecho de los nobles a cazar en los terrenos de los campesinos. Los terratenientes debían limitarse a andar con la escopeta en sus propias posesiones. Las cacerías feudales de la Edad Media debían ser cosa del pasado y por fin se podía volver a reducir las poblaciones de animales salvajes, que eran del todo excesivas tan sólo para solaz de la nobleza.

Sin embargo, el sueño duró poco. Al cabo de pocos años se promulgaron leyes que sólo permitían la caza en cotos de alrededor de un kilómetro cuadrado de extensión. Los campesinos no podían permitirse el arriendo de terrenos cinegéticos y en poco tiempo la caza volvía a estar en manos de los de siempre: los nobles.

A esto se añadió, a partir de 1900, la caza de trofeos. Desde entonces, lo que interesa son las imponentes cornamentas de corzos y ciervos y los colmillos de jabalíes, que se valoran en exposiciones anuales. Desde el punto de vista puramente estadístico, para matar todos los años un hermoso corzo macho, un espléndido ciervo o una gruesa jabalina se precisa una población de cien animales de cada especie.

Éste es el punto en que vuelve a verse afectado el bosque. Por naturaleza, entre los árboles sólo medra un corzo por kilómetro cuadrado, y los ciervos y jabalíes son todavía más difíciles de encontrar entre las viejas hayas y los robles. Si un cazador ha arrendado de dos a tres kilómetros cuadrados para cazar, con la densidad natural de animales salvajes apenas se le plantaría uno alguna vez delante del visor, de modo que tendría que renunciar a los vistosos trofeos en la pared del salón de casa. Así que los cazadores se dedican a incrementar las poblaciones aportándoles alimentos y protegiendo a las hembras. El éxito es innegable: actualmente ya circulan por los bosques de 30 a 50 corzos por kilómetro cuadrado, acompañados de 10 a 20 jabalíes y, según la región, de una decena de ciervos. Esto es de 50 a 100 veces más de lo que había previsto la naturaleza. Los de la escopeta ya aniquilaron hace siglos a depredadores como los lobos y los linces e impiden su retorno matándolos ilegalmente.

Un examen de los alimentos descargados en el bosque demuestra que esta práctica se parece más a la ganadería que a la caza: maíz, avena, manzanas, restos de pan y hasta bombones que no han superado los controles de calidad de los fabricantes. Incluso los comederos llenos de paja, que parecen inocuos, alteran el equilibrio natural y contribuyen a aumentar la población. Con las cantidades que llevan los cazadores al bosque podrían mantener sin problemas a los animales en establos. Sin embargo, para disimular participan en las quejas por los daños causados por los jabalíes en los jardines y viñedos. Y suelen atribuir la culpa al cambio climático con sus inviernos suaves y a los campesinos que cultivan maíz.

También abastecen sobradamente a corzos y ciervos, de modo que su número no disminuye, como demuestran las estadísticas oficiales sobre los accidentes de tráfico con animales salvajes, según las cuales mueren más corzos en las carreteras que los que debería haber en la naturaleza.

Esta práctica tiene graves secuelas para los árboles. Al final del invierno, los animales salvajes tienen un hambre canina. Suena paradójico, pero tiene una explicación científica: normalmente, los herbívoros descansan cuando hace mucho frío y algunos incluso reducen su temperatura corporal a menos de 20 grados. Si se alimenta a estos animales, la temperatura aumenta a raíz de los procesos digestivos y el metabolismo se dispara. O sea, la aportación de alimentos estimula el hambre, y para un corzo esto significa que necesita comer todos los días hasta un kilogramo y medio de su manjar preferido, a saber, los brotes y yemas de árboles frondosos. Los más cómodos de alcanzar son los de los arbolitos jóvenes, y los más gruesos y nutritivos son los de lo más alto de la copa. Al morderlos, el arbolito está abocado a morir.

Si con un corzo por kilómetro cuadrado esto no es ningún problema, con cincuenta y más animales ya es una catástrofe. Esquilman los parvularios arbóreos hasta el punto de que en Alemania muchos bosques de frondosas ya no se reproducen naturalmente. Las vallas en medio del bosque que protegen plantaciones de robles o hayas de los hambrientos herbívoros corroboran esta situación. Como remedio para conservar al menos algo de bosque, desde hace un siglo se plantan cada vez más coníferas, que son las ortigas y los cardos del bosque y no gustan a los animales salvajes.

Nuestras especies arbóreas autóctonas han crecido durante millones de años sin que los animales herbívoros supusieran un peligro para ellas. La prueba de ello es que carecen de defensas en forma de venenos, pinchos, etc. En cambio, las plantas esteparias, como el endrino, el rosal y la dedalera, saben defenderse con estos medios. La presencia masiva de depredadores supera la capacidad de adaptación de los árboles, cuya larga vida y gran distancia entre generaciones son en este terreno una desventaja fatal.

Es cierto que la ley prescribe actualmente una reducción de las poblaciones de fauna salvaje y protege al lobo y al lince, pero en el bosque y la pradera apenas algún cazador la cumple. El control por parte de la autoridad es muy laxo y las sanciones no disuaden, de modo que sólo queda la esperanza de que en el futuro los depredadores carnívoros vuelvan a tomar las riendas del control. Un refrán de la vieja Rusia lo dice claramente: donde anda el lobo, crece el bosque.

Inmigrantes

Gran parte de nuestros bosques ya han sufrido profundas transformaciones. Para ser más exactos, son los árboles, que crecen en condiciones no naturales. Alrededor de dos tercios pertenecen al grupo de las coníferas, y éstas no existían en Centroeuropa, salvo algunas pocas excepciones.

En antiguas zonas de frondosas encontramos ahora plantaciones de coníferas que sufren en silencio. Porque sólo con árboles todavía no se puede construir un bosque. Como se ha comentado en capítulos anteriores, este ecosistema complejo incluye toda una serie de otros organismos, desde hongos y bacterias hasta aves y mamíferos, pasando por colémbolos y ácaros. La importancia del entorno para la salud de los árboles la ilustra un ejemplo de Norteamérica que puede sonar disparatado: en la costa occidental de Canadá, unos científicos analizaron con métodos genéticos la madera de viejas coníferas. Para su sorpresa, detectaron moléculas que sin lugar a dudas provenían de salmones. ¿Cómo llegaron los salmones al árbol? La solución del enigma tiene que ver con la población de osos en la región. En otoño, estos animales cazan los salmones que ascienden por los arroyos de montaña y se dotan de una buena capa de grasa para resistir el crudo invierno. Y como ocurre siempre que uno se harta de comer, llega un momento en que el oso también tiene que hacer sus necesidades. En medio del bosque. Los excrementos, compuestos sobre todo de salmón digerido, constituyen la base alimenticia de los organismos del suelo, de cuyos residuos se nutren a su vez los árboles. Con el tiempo se acumulan cantidades notables de este abono natural, de manera que actualmente se piensa que las poblaciones de salmones son cruciales para la supervivencia de varios bosques de la Costa Oeste.

Volvamos a nuestras coníferas. En nuestras latitudes crecen lejos de su región de origen natural, en un ecosistema que les es ajeno. Todavía queda mucho por investigar, pero podemos suponer que aquí faltan cosas que los árboles importados necesitan. Examinemos lo que hay debajo de una picea, qué aspecto tiene allí el suelo. En algunos casos es de color marrón, cubierto exclusivamente de acículas secas que han caído del árbol. Por lo visto, los organismos del suelo autóctonos no se interesan por esa alimentación exótica, que resulta bastante ácida.

Sin embargo, las piceas y los abetos sí que se trajeron algunas cosas en el equipaje. Una de ellas es la hormiga roja de la madera. En muchos lugares protegen cariñosamente a estos animalitos colocando cubiertas de alambre encima de sus nidos para evitar que alguien los destruya. Pero salta a la vista que esta especie no es autóctona: nadie ha visto un nido de estas hormigas cubierto de hojas. Puesto que Centroeuropa es una zona de bosques frondosos, si la hormiga roja fuera autóctona tendría que saber construirse sus montículos también sin acículas.

A menudo, habitantes de un ecosistema foráneo siguen el traslado de los árboles con un gran desfase de tiempo. Recuerdo que hace unos años me llamó el alcalde de un pueblo vecino y me pidió que examinara el abeto de Colorado que había junto a la casa consistorial. Dijo que había unos animales extraños en las ramas y que el suelo debajo del árbol estaba sucio. Los parásitos en cuestión eran pulgones del abeto de Colorado, que doblan en tamaño a los pulgones autóctonos y son negros como el carbón. Por lo visto, habían llegado a Europa con mercancías importadas de Norteamérica y se instalaron en sus árboles predilectos plantados en los jardines de aquí.

La tan preciada robustez de los árboles importados tiene justamente esta explicación: la ausencia de gérmenes patógenos y parásitos, que siguen medrando en el lugar de origen. Sin embargo, la globalización ha convertido esto en un juego a suertes, en el que en cualquier momento pueden aparecer los visitantes sorpresa.

A veces, las especies arbóreas importadas no permanecen en la zona que tienen asignada. Se expanden (primero en forma de semillas) y crecen sin control en el campo abierto. Si todavía tuviéramos los viejos hayedos vírgenes, nada podría pasar: los árboles adultos proyectan sombras tan oscuras de las demás especies no tienen ninguna oportunidad.

En cambio, en los bosques artificiales, en los que hay muchos claros, alguna que otra especie foránea puede expandirse rápidamente. El cerezo negro americano, importando asimismo de Norteamérica, se introdujo en el pasado para decorar un parque. Para la silvicultura no tiene ninguna utilidad, ya que aquí, a diferencia de su región de origen, tiene forma más bien arbustiva. Actualmente, esta especie se expande masivamente en los pinares del este y norte de Alemania, hasta tal punto que otras plantas apenas tienen ninguna posibilidad. Estudiando más a fondo la cuestión, resulta que son las excesivas poblaciones de animales salvajes, sobre todo de corzos y ciervos, las que favorecen la propagación de estos árboles. Los frutos del cerezo negro no les gustan, y puesto que prefieren comer los árboles frondosos autóctonos, la especie foránea puede expandirse sin temor a la competencia.

Podemos generalizar la tesis: cuando las especies importadas se convierten en un problema porque se propagan sin control, siempre es un síntoma de que la naturaleza ha perdido el equilibrio.

Por tanto, a la hora de planificar la plantación de árboles en el jardín, conviene informarse de si la especie prevista tiene al respecto un comportamiento pacífico.

Muerte forestal

A comienzos de la década de 1980, muchos científicos pronosticaron el fin de los bosques. La lluvia ácida destruía las hojas y las raíces. Ya en el año 2000 sólo se verían montes pelados en el paisaje y el único recuerdo del antiguo esplendor serían los troncos muertos.

Hoy sabemos que aquello fue una gran exageración, pero el temor provocado por la visión de un entorno árido ha movido muchas cosas. Las leyes encaminadas a reducir la contaminación atmosférica y la implantación de catalizadores han permitido reducir las inmisiones ácidas casi hasta el nivel preindustrial. El bosque se ha recuperado de los reveses y lógicamente se ha perdido el interés del público por los informes de las administraciones forestales sobre el estado de los bosques.

¿Es cierto que los árboles vuelven a estar sanos? La respuesta a esta pregunta no es –ni ha sido nunca– sencilla. Examinemos en primer lugar los informes oficiales. Para elaborarlos se fijan, en un retículo de 16 × 16 km, unos puntos de referencia, donde los árboles son evaluados por especialistas. Éstos se interesan ante todo por las hojas y las acículas. ¿Cuántas hay en cada árbol, qué aspecto tiene éste? Si hay huecos en la copa o parte de las hojas amarillean, el árbol recibe la calificación de «enfermo». Suena fácil, ¿no? Ya hemos comentado que un árbol sano no es tan propenso a contraer enfermedades como otro que sufre. Y sufren, por ejemplo, las piceas, pues en nuestras latitudes, lejos de su lugar de origen natural, hace demasiado calor y el clima es excesivamente seco. También enferman más fácilmente las hayas cuyos vecinos han sido talados y que ahora padecen insolación, o cuyas raíces han quedado aplastadas por las pesadas máquinas taladoras-apiladoras. Los inspectores no examinan estas causas, por lo que, aunque se detectan los árboles con problemas, el motivo de su malestar se atribuye simplemente a la contaminación atmosférica.

Hay otro fenómeno que también falsea los inventarios. Recordemos el apartado «El árbol viejo» en la página 141. Si en la parte alta de la copa mueren algunas ramas, el siguiente temporal de viento las elimina y el árbol pierde altura. Lo mismo sucede con los especímenes enfermos: cuando mueren ramas a causa de la contaminación, éstas desaparecen con el siguiente vendaval fuerte. Si los inspectores acuden después, el árbol se ha acortado, pero las ramas que conserva parecen sanas. Y así consta en el informe.

Otro factor perturbador es el agente forestal. Cuando ve un árbol enfermo, ordena a los trabajadores forestales que lo talen antes de que muera del todo y no se pueda aprovechar. Cuando al año siguiente acuden los inspectores, se olvidan del árbol talado y evalúan el que se halla más cerca, que evidentemente está más sano (pues de lo contrario, el agente forestal lo habría hecho eliminar también).

Debido a este curioso modo de proceder, la estadística de daños del bosque no llega muy lejos, puesto que los árboles dañados son apartados continuamente.

Con todo, actualmente los bosques parecen estar más sanos que hace veinte años, y la atmósfera, como demuestran las mediciones, está más limpia. No obstante, sigue habiendo problemas: por ejemplo, la inmisión de nitrógeno procedente de la agricultura y el transporte. Los óxidos de nitrógeno que emanan de millones de tubos de escape, la lluvia de purines a la cola del tractor, las ventosidades del ganado vacuno, los abonos nitrogenados de los campos, de los que gran parte vuelve a ascender a la atmósfera, todo esto hace que sobre los bosques caiga una lluvia de amoníaco que, aparte del ácido, también aporta cantidad de nitrógeno a cada árbol. Esta fertilización involuntaria tiene efectos visibles: las hayas, los robles, las piceas y demás aceleran su crecimiento. Todos los años aumentan en altura y perímetro del tronco alrededor de un tercio más que hace treinta años. Ya ha sido necesario adaptar las tablas de crecimiento de las administraciones forestales, que son la base del cálculo de las talas madereras.

Eso suena a salud de hierro, pero para los árboles supone un esfuerzo que tiene secuelas negativas. Debido a la fertilización con sustancias contaminantes se exceden y luego les queda poca energía para defenderse de enfermedades. Sucede algo parecido que con los culturistas que se dopan, que hacen gala de una enorme musculatura, pero que a cambio arruinan su cuerpo.

A todo ello se añade la fuerte presencia de ozono en los días calurosos del verano, generado por los gases de escape de los automóviles. El ozono es la variante agresiva del oxígeno y corroe las acículas y las hojas.

Todas estas cargas comportan conjuntamente un perjuicio que se mueve en el nivel de comienzos de la década de 1980; sólo que la muerte forestal, o mejor dicho, el deterioro forestal, tiene hoy causas diferentes.

El árbol, acosado por las materias contaminantes, no oculta su sufrimiento. Primero se desprende de una parte de las hojas. Esto puede parecer paradójico, ya que con ello pierde vitalidad al no ser capaz de acumular más energía. La pérdida se debe a los efectos de los ácidos. Antes de que la fronda muera del todo, el árbol hace acopio rápidamente, como en otoño, de sustancias de reserva, para no perder todavía más fuerza. Las coníferas muestran este proceso muy claramente: así, una picea sana tiene unas siete generaciones de acículas en sus ramas, fácilmente reconocibles por los tallos formados paso a paso, que se pueden contar por los molinillos de ramas. Cada año se añade un nuevo peldaño y se elimina el más viejo y ya obsoleto. En el pino son de tres a cuatro generaciones, mientras que en el abeto pueden llegar a diez o más.

Sin embargo, si el árbol pierde más acículas que las nuevas que crea, el número de generaciones se reduce cada vez más, con la consecuencia de que la copa deja de ser opaca. Lo mismo cabe decir de las especies frondosas. Aunque éstas forman cada año hojas nuevas, la muerte de ramas pequeñas provocada por la ducha de sustancias contaminantes hace que el esplendor verde también se reduzca año tras año.

Un antiguo dicho de los agentes forestales reza así: en lo alto de la copa de un árbol sano no se ven pájaros sentados. Significa que hay tal cantidad de hojas o acículas que las aves pueden esconderse en la copa.

La evaluación resulta más sencilla si observamos el tronco desde el pie hasta la copa. En un árbol sano, las hojas impiden la visión a partir de cierta altura. En cambio, si podemos ver la totalidad del tronco hasta la punta, quiere decir que el árbol está claramente debilitado.

Examinando las hojas podemos ver si nuestro árbol ha sido dañado por el ozono en algún período prolongado de buen tiempo. ¿Se vuelven amarillas durante los días cálidos (con excepción de los nervios)? ¿Adquieren incluso un color bronce? ¿O presentan las acículas de las coníferas pequeñas manchas? Los daños se ven primero tan sólo en el lado superior, mientras que el lado inferior sólo se ve afectado si la acción del ozono se prolonga.

Es imposible ayudar a los árboles, que al año siguiente ya pueden recuperarse. Ahora bien, el ozono los debilita, y si no están en buena forma, el gas puede causar otras enfermedades en combinación con otros factores.

Fiebre

En la actualidad, la política medioambiental se centra en un gran tema: el cambio climático. Aumento de las temperaturas, proliferación de las sequías, fusión de los casquetes polares y tempestades más intensas: nuestro planeta parece un paciente con fiebre. Se realizan esfuerzos considerables, sobre todo en Europa, para limitar el calentamiento a una temperatura media de dos grados como máximo. ¿Tiene sentido todo esto? Ojo, que yo no pertenezco al sector que niega la parte de responsabilidad de los humanos en estos procesos, pero vale la pena examinar más de cerca los efectos de lo actuado hasta ahora.

Para los árboles tiene importancia el uso masivo de biomasa. Las centrales eléctricas crecen como setas y la demanda de materias combustibles es enorme. Además del maíz y la colza, la madera también se utiliza cada vez más. El hecho fatal es que los árboles jóvenes que crecen en los bosques ya no pueden saciar desde hace tiempo el hambre de madera de la industria. Si encima se quema cada vez más madera en las centrales eléctricas, el cuello de botella se volverá más y más estrecho. La solución que proponen las administraciones forestales consiste en declarar materia prima potencial la madera económicamente poco útil, a saber, las copas, las ramas menores o los tocones, y aprovecharla en mayor medida. Si hasta ahora se afirmaba siempre que los restos de las talas debían dejarse en el bosque por razones ecológicas, aunque le dieran un aspecto desordenado, ahora el relato es justo el contrario. Comarcas enteras quieren ostentar la etiqueta de no generadoras netas de carbono gracias a la leña convertida en astillas.

Esto perturba notablemente las cadenas tróficas naturales, ya que cada vez queda menos biomasa en el ciclo de la naturaleza. El suelo del bosque se desangra y empobrece.

La amarga verdad es que la suposición de que quemar leña no afecta al clima ya no se sostiene. Hasta ahora se pensaba que un árbol que arde en la estufa emite la misma cantidad de dióxido de carbono que la que ha absorbido durante su crecimiento, y que tanto el ser humano con el fuego como los hongos y bacterias con su actividad de descomposición liberan de nuevo la totalidad del dióxido de carbono. Resulta que no es cierto.

Un grupo de diversas universidades e institutos europeos llevó a cabo una amplia investigación denominada Carboeurope, y llegó a la conclusión de que los bosques almacenan continuamente carbono. Precisamente los bosques antiguos son sumamente importantes como almacenes de CO_2. Con el aprovechamiento silvícola regular pierden esta función y entran en un ciclo en que dicho almacén se vacía una y otra vez.

Por consiguiente, la explotación cada vez más intensa de nuestros bosques no constituye una contribución significativa a la protección del clima (para eso habría que dejarlos en paz y no tocarlos), sino todo lo contrario, con el saqueo de todos los restos de madera se destruye lo poco que quedaba de naturaleza.

El mal radica en realidad en la destrucción del medio ambiente, ya que un cambio climático no alterará tan rápidamente el equilibrio de los árboles.

El cambio de temperaturas y precipitaciones es algo con lo que ya he tenido que bregar en el pasado. En el período de vida de un árbol, de 400 a 500 años, estos factores nunca permanecen constantes.

En los bosques se abandonan cada vez menos ramas o tocones.
El suelo se empobrece y el ecosistema resulta perjudicado duraderamente.

Para saber cuánto pueden soportar las distintas especies basta examinar en el mapa los espacios que ocupan. Así, las hayas las encontramos desde Sicilia hasta el sur de Suecia, zonas geográficas en las que imperan condiciones muy distintas. Los entre dos y cuatro grados de aumento de la temperatura media que se pronostican actualmente no revisten ningún problema para las especies frondosas autóctonas, de acuerdo con el estado de la ciencia. Más difícil lo tendrán las coníferas, para las que de por sí ya hace demasiado calor en nuestras latitudes. El cambio climático supondrá para el bosque más bien una oportunidad para revertir por fin la plantación masiva de piceas, abetos y alerces.

Sin embargo, pasar ahora a especies amantes del calor no es aconsejable ni para la silvicultura ni para los propietarios de jardines. Porque el problema para muchas especies son los inviernos duros. El aumento de la temperatura media no significa que ya no haya más olas de frío severo; aunque resulten menos frecuentes, a veces sí se producirán. ¿De qué le sirve a un árbol que en vez de cada dos años la temperatura descienda cada veinte a niveles en que los brotes y vástagos se congelen?

Por eso la recomendación es clara: mantengamos la calma. Los árboles autóctonos, como el haya, el roble o los frutales, están perfectamente pertrechados para el futuro. En cambio, las especies no autóctonas, que de por sí ya tienen problemas, sí pueden verse en aprietos.

Exterminio

Los árboles son seres muy flexibles, como hemos podido comprobar. Las especies son capaces de reponerse de las numerosas heridas que inflige la humanidad a los bosques. Pero hay un gran peligro, al que se presta escaso interés, que viene de otro lado: el exterminio genético.

Desde que el ser humano explota los bosques de modo sistemático, trata de manipular los rasgos genéticos de los árboles. Primero lo hizo con los frutales, criando las nuevas generaciones a partir de los ejemplares con los frutos más grandes, un procedimiento que viene practicándose desde hace por lo menos 3000 años. Esta manipulación se aceleró con el sistema del injerto, por el que simplemente se acoplan ramas muy productivas a otros arbolitos. A partir de entonces, los tiempos de espera entre el plantel y la floración y las posibles sorpresas negativas pasaron a formar parte del pasado.

Esto tuvo graves consecuencias para las poblaciones silvestres de perales y manzanos. Las abejas polinizadoras no distinguen entre árboles silvestres y cultivados, sino que buscan néctar y polen tanto en unos como en otros. Con esta actividad ecléctica trasladan polen cultivado a flores silvestres. Las semillas del árbol silvestre son entonces un cruce y ya no pueden contribuir a la conservación de la variedad silvestre.

Puesto que esta promiscuidad perdura ya desde hace miles de años, muchos científicos suponen que en Centroeuropa ya no existen actualmente auténticos manzanos y perales silvestres.

Pero el problema también afecta a las demás especies, si bien de forma más sutil. Todo administrador forestal selecciona, al inspeccionar el bosque, aquellos árboles que han de ser talados. En los primeros cien años de una parcela forestal se eligen siempre aquellos ejemplares que presentan alguna deficiencia. Tienen el tronco demasiado torcido o crecen en espiral, ramas demasiado gruesas o una bifurcación del tronco; en suma, todo lo que dificulta el aprovechamiento posterior se elimina en el transcurso de los años. Sólo se permite engordar a los árboles que al alcanzar la edad de tala ofrecen la mejor madera y por tanto el máximo beneficio. Poco antes de la cosecha deben reproducirse otra vez y transmitir sus buenas cualidades innatas a la siguiente generación.

Esto no es otra cosa que crianza seleccionada, aunque la mayoría de los agentes forestales lo negarían. Sin embargo, el tecnicismo «inspección selectiva» refleja exactamente este hecho.

A raíz de esto, las poblaciones de las distintas especies arbóreas, que antaño estaban genéticamente muy diversificadas, con su gran riqueza de propiedades muy variadas, se reducen cada vez más. Y con ello también su capacidad para responder a cambios medioambientales.

Este efecto se acelera con las repoblaciones. Las semillas toleradas para la crianza de árboles jóvenes en centros arborícolas han de proceder obligatoriamente de bosques oficialmente autorizados, y la autorización sólo la obtienen si presentan en gran medida ejemplares que tienen las características deseadas. Desde el punto de vista de la naturaleza, sin embargo, se trata de árboles genéticamente monótonos, que de por sí ya carecen de determinadas propiedades.

Propagada por millones en los bosques, esta monotonía supone una amenaza para las peculiaridades de las distintas zonas forestales. Las hayas del este de Alemania se diferencian mucho de las de la Selva Negra o del Tirol. Cuando los árboles criados se vuelven adultos, reparten con cada golpe de viento primaveral su polen, de modo que pronto o tarde desaparecerán las poblaciones locales de las respectivas especies. Compartirán en un futuro no muy lejano el destino de los frutales.

Como si todo esto no fuera suficiente, el auge de la bioenergía comporta otro golpe más. Cada vez más agricultores se dedican ahora a las plantaciones de rápida rotación. Plantan estacas de chopo o de sauce en sus campos y al cabo de cinco o diez años, cuando los troncos alcanzan el grosor de un brazo, los talan y trituran en una máquina. Las astillas de madera sirven entonces de combustible para las centrales eléctricas de biomasa.

Los retoños son de producción propia, mezclas de distintas especies con el fin de acelerar el crecimiento e incrementar el rendimiento. El problema, una vez más, es el polen. Precisamente los sauces y los chopos ya florecen cuando todavía son muy jóvenes, de manera que sobre las plantas silvestres cae toda una lluvia de polen de crianza procedente de las plantaciones. Además, las semillas de estas especies vuelan muy lejos (*véase* el apartado «Nidícolas y nidífugos» en la página 19), de modo que estos árboles se propagan a la corta o a la larga en el campo abierto.

En este contexto, conviene destacar la importancia primordial de la creación de amplios espacios protegidos. Cuanto más extensos, mejor: se precisan cien kilómetros cuadrados o más para reducir al mínimo la influencia de los cultivos vecinos. Estas islas de vida silvestre son como un arca de Noé para muchas especies de animales y plantas. Al mismo tiempo, conservan la diversidad genética de los árboles y pueden adquirir por tanto cierta importancia económica. ¿Qué pasaría si nuestros bosques de cultivo resultaran de pronto vulnerables a determinadas enfermedades? ¿Acaso no estaría bien saber que contamos con un fondo de reserva genético en forma de espacios protegidos que en tiempos de dificultad nos permitiría crear nuevos bosques?

Lógicamente, uno de los objetivos que se ha fijado el Gobierno alemán consiste en que el 5 % de la superficie forestal se declare a largo plazo zona protegida. El 95 % de los bosques podrían seguir explotándose a voluntad, pero a pesar de ello hay mucha resistencia por parte, claro está, de la industria maderera y silvícola. Los grupos de presión que se oponen dicen que los espacios protegidos sobran, puesto que la silvicultura clásica ya respeta todas las necesidades de la naturaleza. Es como si un ganadero afirmara que sus vacas estabuladas en una gran instalación moderna aseguran la conservación de bisontes y búfalos.

En todo caso, de momento no hay consenso en torno al 5 % de la superficie, y vista la moda actual de introducir todos los cambios exclusivamente por la vía del debate y la unificación de criterios, en casi la totalidad de los bosques se sigue practicando la silvicultura a tope. Dado que ésta se considera acorde con la protección de la naturaleza, de paso también se pueden talar incluso los bosques protegidos. De modo que nuestros árboles todavía tienen un largo camino por recorrer.

Para terminar

El lector o lectora lo habrá notado: amo a los árboles. Esto no siempre ha sido así.

En mi juventud me atraía la naturaleza. Tanto en las montañas como junto al mar o en la profundidad del bosque, me gustaba estar al aire libre y disfrutar de los espacios infinitos bajo un cielo azul.

Cuando me hice agente forestal, el trato con la Creación adoptó para mí formas muy concretas. Aprendí a gestionar los bosques, a plantar, cuidar y talar árboles y abastecer de materia prima a la industria maderera.

No pasaron muchos años hasta que me entraron dudas con respecto al esquematismo que me enseñaron mis profesores. Comencé a buscar formas alternativas de gestión silvícola. Compañeros de profesión que seguían prácticas naturales, bastante escasos en el cuerpo de agentes forestales, me enseñaron maneras suaves de tratar los árboles. Aprendí a mantener árboles de distintas generaciones en el mismo espacio y a tener en cuenta su vida en sociedad. El bosque se revitalizó visiblemente, pero en mi fuero interno todavía no se había producido el cambio fundamental.

Sólo cuando en el distrito forestal bajo mi custodia se declaró espacio protegido un antiguo hayedo, convirtiéndolo nosotros en cementerio de urnas, vino la transformación. Las personas que elegían allí una tumba veían los árboles con otros ojos. ¿Hermosos troncos lisos, aptos para fabricar la mejor madera? Eso no interesaba a nadie. Ramas llenas de nudos, una curvatura interesante, inquilinos en forma de pájaros carpinteros, eso era lo que buscaban los compradores. Y con ellos aprendí a fijarme más en los detalles y a prestar atención a aspectos que quedan fuera de la silvicultura.

El fenómeno de los viejos tocones que se mantienen en vida durante siglos con ayuda de árboles vecinos, el hecho de que existan ejemplares más valientes y otros menos audaces (como se puede ver por el momento de la caída de las hojas), la infinita capacidad de las nuevas generaciones para esperar a la sombra del árbol madre, todo esto lo he podido aprender y observar desde entonces.

Para decirlo de forma drástica, para mí fue como el cambio de la ganadería intensiva a una cría ecológica.

Para mí, cada árbol tiene un valor individual. Y el trabajo en el bosque y en el jardín resulta mucho más animado porque continuamente descubro determinados rasgos característicos de las grandes plantas leñosas que muy a menudo me hacen sonreír.

Deseo a quienes me han seguido hasta aquí un emocionante viaje de descubrimiento y sobre todo muchas horas de alegría y placer.

Acerca del autor

El administrador forestal Peter Wohlleben fue durante veinte años funcionario de la Administración Forestal del estado federado de Renania-Palatinado, antes de hacerse cargo de su «coto soñado» en el municipio de Hümmel (distrito de Ahrweiler, región de Eifel). Allí se dedica consecuentemente a crear bosques selváticos de frondosas, utiliza caballos en vez de pesadas máquinas taladoras y prescinde totalmente del uso de sustancias químicas. Peter Wohlleben es un ecologista comprometido, ofrece guías por el bosque con cursillos de supervivencia y construcción de casetas de troncos, da conferencias y escribe libros sobre maneras no agresivas de aprovechamiento de los bosques.

Índice analítico

A

B

C

D

E

F

G

H

I

J

L

M

O

P

R

S

T

V

Índice